Skizzieren in Technik und Alltag

Paul Gruber

Skizzieren in Technik und Alltag

Paul Gruber
Roitham am Traunfall, Österreich

ISBN 978-3-658-41565-5   ISBN 978-3-658-41566-2 (eBook)
https://doi.org/10.1007/978-3-658-41566-2

Die Deutsche Nationalbibliothek verzeichnet diese Publikation in der Deutschen Nationalbibliografie; detaillierte bibliografische Daten sind im Internet über https://portal.dnb.de abrufbar.

Planung/Lektorat: Ellen Klabunde
Springer Vieweg ist ein Imprint der eingetragenen Gesellschaft Springer Fachmedien Wiesbaden GmbH und ist ein Teil von Springer Nature.
Die Anschrift der Gesellschaft ist: Abraham-Lincoln-Str. 46, 65189 Wiesbaden, Germany

Das Papier dieses Produkts ist recyclebar.

Vorwort

Warum noch ein Buch über Skizzieren? Das Spektrum von Zeichnungen ist, von der exakten technischen Zeichnung bis zu freien künstlerischen Bildern, sehr groß. Dieses Buch reiht sich in dieser großen Bandbreite im Bereich des Skizzierens von technischen und alltäglichen Objekten und Situationen ein.

Es gibt bereits gute Bücher zum Thema Zeichnen und Skizzieren. Viele davon haben spezielle Schwerpunkte, sind an bestimmte Berufsgruppen gerichtet und befassen sich entsprechend explizit mit Themen wie Architektur, Möbel, Maschinenbau, Fahrzeuge usw. Die Darstellungsformen werden dabei teilweise nur spezifisch für die jeweiligen Themen angewendet.

Ich komme aus der Automatisierungstechnik und das Skizzieren ist im Berufsleben für mich sehr hilfreich. Meiner Erfahrung nach kann man vieles vom Skizzieren im Beruf auch im Alltag für private Projekte, Anlässe und Situationen anwenden. Und diese Erfahrung möchte ich hier teilen.

Dieses Buch führt einfach, systematisch und methodisch zum Skizzieren von verschiedensten Motiven in der Technik und im Alltag.

Informationen, Methoden und Tipps werden anhand vieler praktischer Beispiele erläutert. Didaktisch ist das Buch grundsätzlich aufbauend gestaltet. Werden Themen aus anderen Kapiteln vorgezogen angewendet, oder es handelt sich um übergreifende Themen, sind entsprechende Querverweise angeführt. Durch die Querverweise und Beispiele kann in viele Kapitel auch direkt eingestiegen werden. Um diesen direkten Einstieg in Themen zu erleichtern sind einige übergreifende Informationen, Tipps usw. ident an mehreren relevanten Stellen angeführt.

Bei der Motivauswahl für die vielen Beispiele wurde eine möglichst breite Streuung angestrebt. Diese Sammlung an Beispielen dient auch als Nachschlagewerk für verschiedene „Standardsituationen" beim Skizzieren. In den Kapiteln wird immer wieder zum eigenhändigen Skizzieren motiviert. Wählen Sie dabei viele Motive nach eigenen Vorstellungen.

Durch das einfache Anwenden von verschiedenen Darstellungsformen kann das Skizzieren für verschiedenste Situation und Vorhaben vielfältig und flexibel eingesetzt werden. Das Buch vermittelt dabei eine breite Palette an Tools, welche es ermöglichen, das

Skizzieren ohne Hemmschwelle effizient und jederzeit anwenden zu können, das heißt einfach und vielseitig skizzieren.

Des Weiteren werden unterschiedliche Ausführungsgrade, von der einfachen, schnellen Skizze bis zu schattierten und einfach gerenderten Präsentationsskizzen, behandelt.

Kurz gesagt, ich möchte mit diesem Buch die Freude am Skizzieren wecken und fördern.

Aus Gründen der besseren Lesbarkeit wird auf eine geschlechtsneutrale Differenzierung verzichtet. Entsprechende Begriffe gelten im Sinne der Gleichbehandlung grundsätzlich für beide Geschlechter. Die verkürzte Sprachform beinhaltet keine Wertung.

Roitham am Traunfall, Österreich   Paul Gruber
Juni 2023

Danksagungen

Hr. Prof. Dr.-Ing. Ingo Klöcker hat im Juni 2014 im Hause PROMOT Automation GmbH einen Workshop über Skizzieren gehalten. Dieser Workshop und Bücher haben das Interesse am Skizzieren vertieft und meine Arbeit verändert. Ich danke Hr. Prof. Dr.-Ing. Ingo Klöcker.

Danken möchte ich der Firma PROMOT Automation GmbH für die Erlaubnis in diesem Buch Skizzen zu verwenden, welche im Kontext mit meiner beruflichen Tätigkeit entstanden sind.

Sehr bedanken möchte ich mich beim Team des Springer Vieweg Verlages für das Vertrauen und die großartige Unterstützung.

Besonders danken möchte ich auch meiner Familie, Freunde und Arbeitskollegen! Sei es durch Korrekturlesen, Feedbacks, Ermunterungen, Geduld usw.

– DANKE.

Inhaltsverzeichnis

Über den Autor

Paul Gruber hat einen Abschluss an der HTL-Maschinenbau Vöcklabruck, Österreich und arbeitet seit vielen Jahren bei der Firma PROMOT Automation GmbH in Roitham am Traunfall, Österreich, im Bereich Konstruktion und Entwicklung mit dem Schwerpunkt Automatisierungstechnik.

Teil I

Allgemeines und Informationen

Skizzieren als ganzheitliche Tätigkeit

1

Skizzieren ist eine ganzheitliche Tätigkeit, bei der man einerseits beim Tun haptisch das Papier und die Stifte spürt. Parallel wird durch das Sehen und Analysieren der entstehenden Skizze die Fantasie angeregt. Es werden also gleichzeitig mehrere Sinne aktiviert. Durch diese Wechselwirkung der Sinne entsteht ein besonderer kreativer Prozess. Man kommt durch das manuelle Tun und die visuelle Wahrnehmung sozusagen in einen aktiven, schöpferischen Flow. Dabei können auch unerwartete neue Lösungen, Sichtweisen, Ideen, Varianten usw. entstehen (s. Abb. 1.1). Skizzieren ist sinngemäß wie „Brainstorming mit sich selbst".

Mit Skizzen kann sehr klar und effizient kommuniziert werden. Ideen können mit wenig Aufwand vermittelt werden. Durch das Visualisieren können Varianten bewertet und Entscheidungen beschleunigt werden. Skizzieren ist daher eine wertschöpfende Tätigkeit.

Abb. 1.1 Durch das manuelle Tun und Sehen entstehen neue, kreative Lösungen

P. Gruber, *Skizzieren in Technik und Alltag*, https://doi.org/10.1007/978-3-658-41566-2_1

Skizzieren befreit

Gedanken können vom Kopf auf das Papier gebracht werden. Damit wird der „Speicher im Kopf" entlastet.

Skizzieren ist Freiheit. Man kann mit einfachen Mitteln überall „alles" erschaffen. Im Wort Freihandzeichnen steckt der Begriff „frei".

Ziel ist ein möglichst freihändiges und effizientes Skizzieren mit dem nötigen theoretischen und methodischen Hintergrund und dem Wissen über den Einsatz hilfreicher Werkzeuge.

Für das Erstellen von Skizzen kann es verschiedene Impulse geben:

- Man weiß schon, was man skizzieren will.
- Man sucht nach neuen Lösungen.
- Man will Varianten vergleichen.
- Man will etwas Bestehendes optimieren oder verändern.
- Man will einfach skizzieren.
- Von allem etwas.

Ein wichtiges Ziel dieses Buches ist es auch, dass man mit einer Selbstverständlichkeit und Leichtigkeit zu Stift und Papier greift – im Tun liegt die Kraft!

Beim Skizzieren werden mit einfachen Mitteln schöne und anschauliche Ergebnisse erzielt, welche dem Betrachter und dem Gestalter Freude machen. Aber nicht nur die Ergebnisse sollen Freude bereiten. Auch das Skizzieren an sich kann man bewusst genießen.

Definitionen vom Begriff „Skizze" lt. Duden

„Mit groben Strichen hingeworfene, sich auf das Wesentliche beschränkende Zeichnung [die als Entwurf dient]"

© 2020 Cornelsen Verlag GmbH (Duden), Berlin

Unterschied zwischen Zeichnen und Skizzieren

Zeichnen und Skizzieren sind zwei verwandte, aber unterschiedliche Aktivitäten.

Zeichnen ist in der Regel eine formale Darstellung eines Objekts oder einer Szene, die darauf abzielt, eine realistische oder genaue Darstellung zu schaffen. Skizzieren ist hingegen oft schneller und lockerer und dient dazu, Ideen festzuhalten, Konzepte zu skizzieren oder zu experimentieren. Da die Grenzen zwischen Zeichnen und Skizzieren teilweise fließend sind, werden in diesem Buch auch beide Begriffe verwendet.

Übersicht
Eigenschaften von Skizzen

- Skizzen müssen nicht perfekt sein.
- Skizzen müssen nicht vollständig sein.
- In Skizzen kann reduziert und vereinfacht werden.
- Skizzen sind nur Annäherungen an geometrisch korrekte Darstellungen.

Theoretisch betrachtet – Verschiedene Darstellungsformen

2

Objekte können verschieden dargestellt werden. Damit die verschiedenen Darstellungsformen je nach Situation und Vorhaben gezielt eingesetzt werden können, ist es wichtig diese zu verstehen. Die wichtigsten Darstellungsformen für das Skizzieren sind 2D-Darstellungen, Parallelperspektiven und Ein-, Zwei- oder Dreipunktperspektiven. Die Vierpunkt- und „Fischaugenperspektive" werden nur vollständigkeitshalber angeführt, aber nicht weiterverwendet.

2.1 Wie kommt das Objekt auf das Papier? – Der Verkürzungsfaktor

Blickt man auf Linien oder Kanten in verschiedenen beliebigen Orientierungen, erscheinen diese je nach Lage zur Blickrichtung verkürzt. Nimmt man zwischen Objekt und Betrachter eine Darstellungsebene an, wird die Darstellung des Objektes auf diese Ebene projiziert. Daher wird die Darstellungsebene auch als Projektionsebene bezeichnet.

In Abb. 2.1 wird das Prinzip der Verkürzung vereinfacht dargestellt. In dieser Darstellung wird ein unendlich großer Betrachtungsabstand, bei dem die „Sehstrahlen" parallel sind, angenommen.

Der Verkürzungsfaktor
Die projizierte und damit dargestellte Länge ergibt sich aus der tatsächlichen Länge, multipliziert mit einem „Verkürzungsfaktor". Ist bei unendlich großem Betrachtungsabstand eine Linie parallel zur Darstellungsebene, ist der Verkürzungsfaktor 1 und die Linie wird in der „realen" Länge projiziert. Je „steiler" der Winkel einer Linie zur Projektionsebene im Raum liegt, desto kürzer erscheint diese. Ist eine Linie senkrecht zur Darstellungs-

P. Gruber, *Skizzieren in Technik und Alltag*, https://doi.org/10.1007/978-3-658-41566-2_2

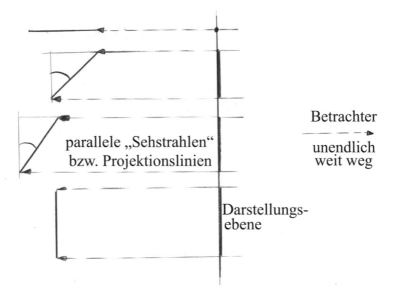

Abb. 2.1 Verkürzung von Objekten bei unendlich großem Betrachtungsabstand. Die theoretischen „Sehstrahlen" sind parallel und projizieren die Abbildung auf die Darstellungsebene

ebene, wird diese zum Punkt und der Verkürzungsfaktor ist 0. Der Verkürzungsfaktor kann also hier einen Wert von 0 bis 1 annehmen. Mathematisch kann der Verkürzungsfaktor je nach Situation mit entsprechenden Funktionen berechnet werden (s. Abb. 2.1).

Die mathematische Ermittlung der Lage einer Linie in Relation zur Projektionsebene und die Berechnung des Verkürzungsfaktors kann komplex sein. Die Komplexität erhöht sich weiter, wenn der Betrachtungsabstand zum Objekt nicht unendlich und die „Sehstrahlen" nicht mehr parallel sind (s. Abb. 2.2).

Beim Skizzieren werden die Verkürzungsfaktoren daher nicht berechnet. Aber es ist wichtig, das Prinzip der Verkürzung zu verstehen.

In der Praxis werden beim Skizzieren Proportionen geschätzt oder mit einfachen Methoden ermittelt.

Der Maßstab

In den Abb. 2.1 und 2.2 entspricht die Darstellungs- bzw. Projektionsebene auch der Skizzierebene. Damit ein Objekt aber auf einem Blatt Papier in einer bestimmten Größe dargestellt werden kann, muss man sich die gesamte Situation um einen Maßstab angepasst vorstellen. Bei technischen Zeichnungen wird der Maßstab bewusst gewählt, beim Skizzieren ergibt sich der Maßstab aus verschiedenen Faktoren.

Abb. 2.2 Verkürzung von
Objekten frei im Raum bei
endlichem Betrach-
tungsabstand

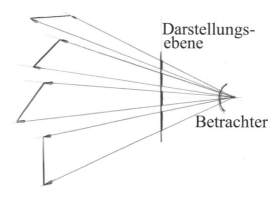

2.2   Zweidimensionale Skizzen – 2D-Skizzen mit Projektionen

In der Technik sind zweidimensionale Ansichten mit Projektionen sehr gängig. Die Proportionen und Abmessungen werden im gewählten Maßstab dargestellt. Bemaßungen können direkt und verständlich angebracht werden. Für technische Zeichnungen sind Normalansichten die Grundlage für die Darstellung. Bei 2D-Ansichten schaut man sinngemäß von unendlicher Entfernung senkrecht (normal) auf Objekte. Der oben beschriebene Verkürzungsfaktor beträgt 1.

In der Regel gibt es drei Hauptansichten. Die Ansicht von vorn (Vorderansicht), die Ansicht von der Seite (Seitenansicht) und die Draufsicht (s. Abb. 2.3).

Je nachdem, wie komplex ein Objekt ist, können für die vollständige Beschreibung weitere Ansichten, Schnitte, unsichtbare Linien usw. erforderlich sein.

Vorteile von zweidimensionalen Darstellungen
Abmessungen können direkt von den Ansichten im Maßstab abgenommen und ggf. bemaßt werden. Details und Funktionen können in 2D-Skizzen einfach und schnell dargestellt werden.

Nachteil von zweidimensionalen Darstellungen
Der Betrachter muss „die Lösung im Gehirn erst zusammenbauen".

Bei einer perspektivischen Darstellung hingegen ist „die Lösung" für den Betrachter auf einen Blick klar (s. Abb. 2.4). Beim Einsatz von 3D-CAD-Systemen werden daher häufig ergänzend 3D-Darstellungen mit auf Zeichnungen dargestellt, um das schnelle Erfassen eines Objektes zu unterstutzen.

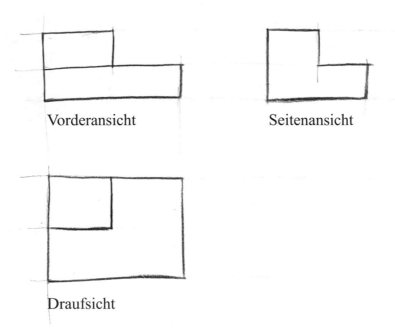

Vorderansicht   Seitenansicht

Draufsicht

Abb. 2.3   Objekt in Vorderansicht, Seitenansicht und Draufsicht

Abb. 2.4   Gleiches Objekt wie
in Abb. 2.3 in perspektivischer
Darstellung

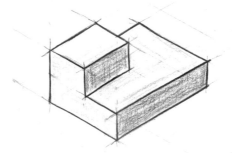

2.3   Parallelperspektiven – Isometrie, Dimetrie, Trimetrie

2.3.1   Parallelperspektiven allgemein

Eine Parallelperspektive wird auch als Axonometrie bezeichnet. In Parallelperspektiven ist
der Betrachtungsabstand zu den Objekten „unendlich" groß. Dadurch werden unter ande-
rem die Kanten von einem Kubus parallel dargestellt (s. Abb. 2.5).

Parallelperspektiven sind in Isometrie, Dimetrie und Trimetrie unterteilt.

Abb. 2.5 Kubus in
Parallelperspektive

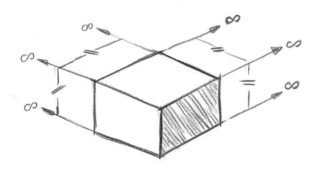

Abb. 2.6 Die
„Kavalierperspektive", auch
„Schrägbild" genannt, wird in
diesem Buch für das
Skizzieren nicht empfohlen

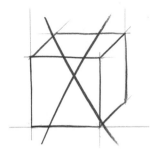

Kavalierperspektive

Die sogenannte „Kavalierperspektive" (oder auch „Schrägbild" genannt), siehe Abb. 2.6, liefert durch die zu starke Vereinfachung nicht schlüssige Darstellungen und wird in diesem Buch nicht empfohlen.

2.3.2   Isometrie

Bei der Isometrie sind alle drei Winkel der Raumachsen zur Betrachtungsebene gleich (s. Abb. 2.7 und 2.8). Der Verkürzungsfaktor ist dadurch in allen drei Richtungen gleich groß, daher auch der Begriff Isometrie.

> **Übersicht**
> Vorteile der Isometrie
>
> - Da es nur einen Verkürzungsfaktor gibt, bleiben die Proportionen erhalten.
> - Ellipsen haben in allen drei Richtungen das gleiche Verhältnis zwischen langer und kurzer Achse (s. Abb. 2.8c).
> - Die Situation ist auf dem gesamten Zeichenblatt gleich. Eine Skizze in Isometrie kann in allen Richtungen bei gleichen Bedingungen erweitert werden.

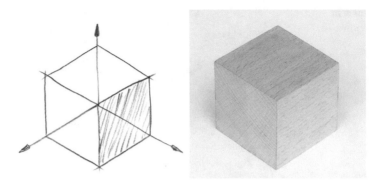

Abb. 2.7 Würfel in isometrischer Darstellung skizziert und mit einem Teleobjektiv aus relativ großer Entfernung fotografiert

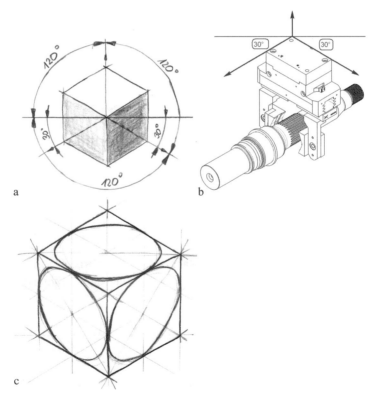

Abb. 2.8 Objekte in isometrischer Darstellung
(**a**) Würfel mit Winkelangaben in der Isometrie
(**b**) Isometrische Darstellung in einem CAD-System
(**c**) Würfel mit Ellipsen in den Flächen

Die Isometrie wird in CAD-Systemen gerne als Standardorientierung der Hauptachsen
verwendet (s. Abb. 2.8b)

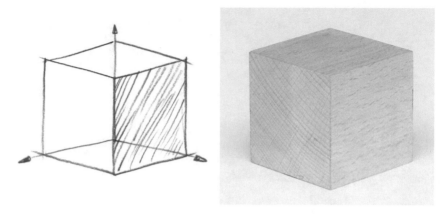

Abb. 2.9 Würfel in dimetrischer Darstellung skizziert und mit einem Teleobjektiv aus relativ großer Entfernung fotografiert

2.3.3   Dimetrie

Die Winkel und die Verkürzungsfaktoren in den horizontalen Flächen sind gleich
(s. Abb. 2.9). Je nach Neigung hat die Vertikalachse einen anderen Verkürzungsfaktor als
die Achsen der horizontalen Flächen (s. Abb. 2.10). Dimetrische Darstellungen haben also
zwei verschiedene Verkürzungsfaktoren, daher auch der Begriff Dimetrie.

2.3.4   Trimetrie

Die Winkel und damit die Verkürzungsfaktoren aller drei Hauptachsen sind verschieden
(s. Abb. 2.11). Je nachdem wie die Hauptachsen geneigt sind, verändern sich die Verkürzungsfaktoren (s. Abb. 2.12). Trimetrische Darstellungen haben also drei verschiedene
Verkürzungsfaktoren, daher auch der Begriff Trimetrie.

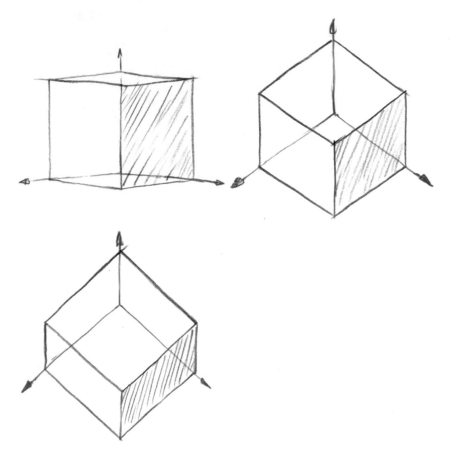

Abb. 2.10 Dimetrische Darstellung eines Würfels in verschiedenen Neigungswinkeln

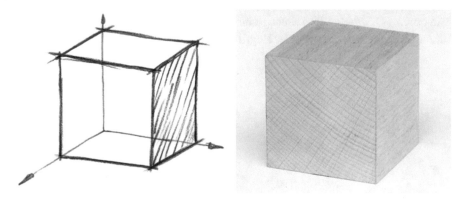

Abb. 2.11 Würfel in trimetrischer Darstellung skizziert und mit einem Teleobjektiv aus relativ großer Entfernung fotografiert

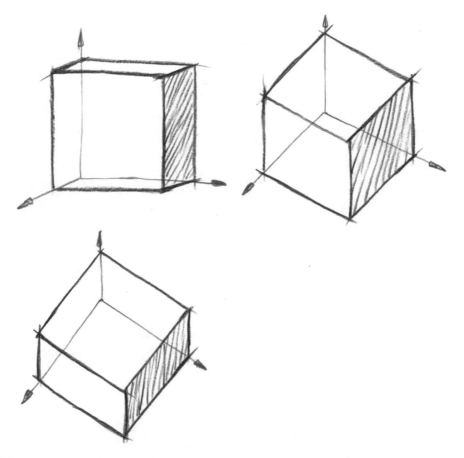

Abb. 2.12 Trimetrische Darstellung eines Würfels in verschiedenen Neigungswinkeln

2.4   Fluchtpunktperspektiven allgemein

Bei 2D-Ansichten und Parallelperspektiven ist der Betrachtungsabstand „unendlich" groß. Das entspricht naturgemäß nicht dem menschlichen Sehen.

Fluchtpunktperspektiven wirken trotz Vereinfachungen in vielen Situationen realistischer und interessanter als 2D-Darstellungen oder Parallelperspektiven. Die Perspektive hängt vom Betrachtungsabstand im Verhältnis zur Objektgröße und vom Blickwinkel auf das Objekt ab.

Verschiedene Perspektiven

Die Wirkung verschiedener Perspektiven kann gut anhand verschiedener Objektiv-Brennweiten in der Fotografie erläutert werden. Beim Fotografieren mit Teleobjektiven mit langen Brennweiten ist der Abstand zum Objekt in der Regel relativ groß und die

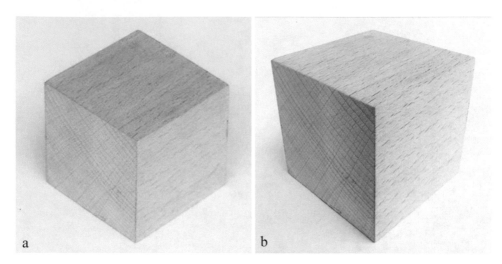

Abb. 2.13 Würfel mit (**a**) Teleobjektiv und mit (**b**) Weitwinkelobjektiv fotografiert

Abbildung wird wenig verzerrt (s. Abb. 2.13a). Je kürzer die Brennweite bzw. der Betrachtungsabstand im Verhältnis zur Objektgröße ist, desto stärker ist die Verzerrung am Foto (s. Abb. 2.13b). Objektive mit kurzen Brennweiten bezeichnet man als Weitwinkelobjektive.

> Bei Fluchtpunkt-Skizzen kann die Perspektive durch die Lage des Horizontes und der Fluchtpunkte gesteuert werden.

Je kleiner der Abstand der Fluchtpunkte ist, desto mehr entspricht die Skizze einer „Weitwinkeldarstellung" aus geringem Betrachtungsabstand. Auch beim Skizzieren ist, wie beim Fotografieren, die Verzerrung größer, je kürzer der Betrachtungsabstand im Verhältnis zur Objektgröße ist. Je nach Anzahl der Fluchtpunkte ist der Darstellungsfehler durch Verzerrungen verschieden. Die Vereinfachung bzw. der „Fehler" ist z. B. bei der Zwei-Punkt-Perspektive etwas größer als bei der Drei-Punkt-Perspektive. Großteils sind die „fehlerhaften Darstellungen" durch die Vereinfachungen in perspektivischen Skizzen untergeordnet. In der Technik gibt es jedoch Situationen, in denen eine möglichst korrekte Darstellung wichtig ist. Siehe dazu auch das Kap. 12 „Geometrisch kritische und heikle Situationen schlüssig darstellen".

2.5   Perspektive mit zwei Fluchtpunkten – „Zwei-Punkt-Perspektive"

Die Zwei-Punkt-Perspektive stellt für das Skizzieren die einfachste und wichtigste Form der Fluchtpunkt-Perspektiven dar.

Übersicht
Merkmale einer Zwei-Punkt-Perspektive (s. Abb. 2.14):

- Der Horizont ist in Augenhöhe des Betrachters.
- Die horizontalen Linien laufen auf zwei Fluchtpunkten am Horizont zu.
- Senkrechte Linien werden parallel dargestellt.

Je weiter außen die beiden Fluchtpunkte sind, desto größer ist der Betrachtungsabstand und desto „mehr parallel" werden die Kanten zu den Fluchtpunkten (s. Abb. 2.15). Dadurch wird die verfälschende Verzerrung geringer. Der Übergang zwischen Zweipunkt- und Parallelperspektive ist also fließend.

Die Wirkung einer Darstellung ist sowohl in der Fotografie als auch beim Skizzieren sehr stark von der Perspektive abhängig (s. Abb. 2.16 a bis d).

Die Zwei-Punkt-Perspektive wird gerne in der Architektur angewendet, daher wird sie teilweise auch als „Architektenperspektive" bezeichnet (s. Abb. 2.17).

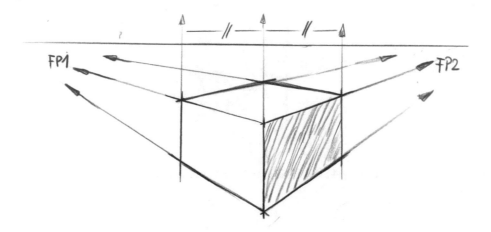

Abb. 2.14 Quader in Zwei-Punkt-Perspektive

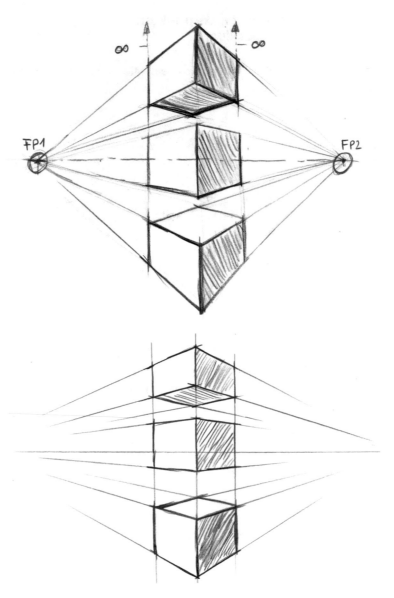

Abb. 2.15 Zwei-Punkt-Perspektiven mit kleinerem und größerem Abstand der Fluchtpunkte

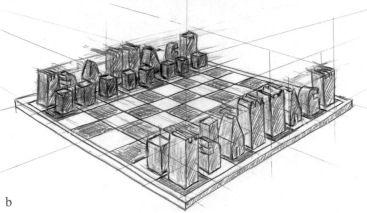

Abb. 2.16 Schachspiel aus verschiedenen Perspektiven fotografiert und skizziert (das fotografierte Schachspiel ist ein Produkt der Fa. Pinzgauer Holzspielzeug)
(**a**) und (**b**) Darstellung aus größerem Abstand mit wenig Verzerrung
(**c**) und (**d**) Weitwinkeldarstellung aus geringem Betrachtungsabstand

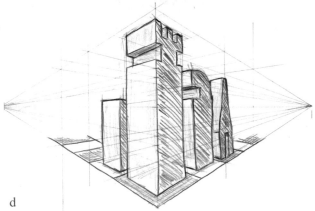

Abb. 2.16   (Fortsetzung)

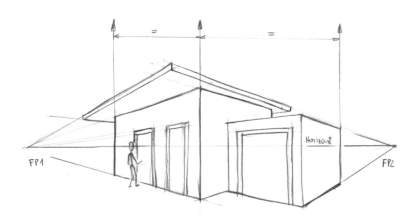

Abb. 2.17   Ein Haus mit Flachdach und Garage in Zwei-Punkt-Perspektive dargestellt

2.6   Zentralperspektive – „Ein-Punkt-Perspektive"

Die Ein-Punkt-Zentralperspektive ist an sich eine spezielle Situation in der Zwei-Punkt-Perspektive. Der Körper wird so gedreht, dass die liegenden Kanten eines kubischen Körpers waagrecht und parallel werden. Ein Fluchtpunkt wandert dabei in das Zentrum. Der zweite Fluchtpunkt verschiebt sich unendlich weit nach außen (s. Abb. 2.18).

Wählt man diese Orientierung als Bezugssystem für die Skizze, spricht man von einer Skizze in Zentralperspektive (s. Abb. 2.19).

Übersicht
Merkmale einer Zentralperspektive:

- Alle Linien in die Tiefe laufen am zentralen Fluchtpunkt zusammen. Dieser ist direkt in Blickrichtung in der Mitte des Blickfeldes.
- Frontansichten kubischer Objekte haben waagrechte und senkrechte Hauptlinien.

Siehe auch Kap. 17 „Zentralperspektive – besondere Anwendungen und Sichtweisen".

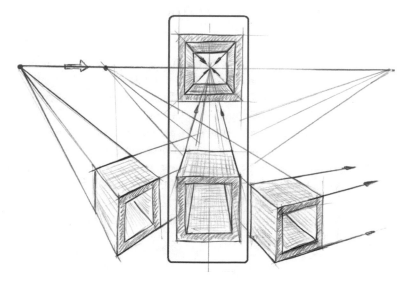

Abb. 2.18   Die Zentralperspektive ist an sich eine besondere Situation in der Zwei-Punkt-Perspektive

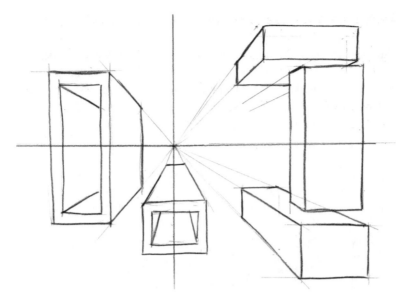

Abb. 2.19 Skizze mit Zentralperspektive als Bezugssystem

2.7 Perspektive mit drei Fluchtpunkten – „Drei-Punkt-Perspektive"

Bei der Drei-Punkt-Perspektive sind die vertikalen Linien nicht parallel, sondern laufen zu einem dritten Fluchtpunkt zusammen (s. Abb. 2.20 und 2.21). Eine Skizze mit drei Flucht- punkten entspricht schon sehr nahe dem menschlichen Sehen und liefert geometrisch genauere Darstellungen als die Zwei-Punkt-Perspektive.

Besonders bei sehr hohen bzw. tiefen Objekten, bei relativ kleinen Betrachtungsabstän- den (Weitwinkel), oder wenn eine möglichst reale Darstellung wichtig ist, kann ein dritter Fluchtpunkt wichtig sein. Wenn es der Aussage dient, ist der dritte Fluchtpunkt ein gutes Mittel, die gewünschte Wirkung zu unterstreichen. In Abb. 2.21 a) und b) wird die Drei-Punkt-Perspektive schematisch dargestellt.

Mithilfe dieser Darstellungsform kann die Höhen- oder Tiefenwirkung einer Skizze be- sonders hervorgehoben werden (s. Abb. 2.22).

Abb. 2.20 Würfel fotografiert mit Fluchtlinien zu drei Fluchtpunkten

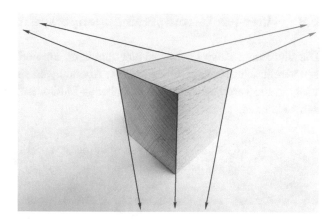

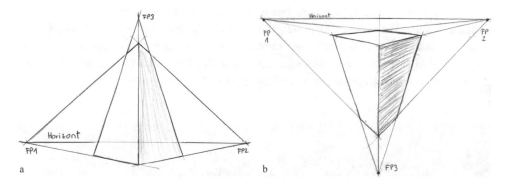

Abb. 2.21 Schematische Darstellung der Drei-Punkt-Perspektiven: (**a**) von unten und (**b**) von oben

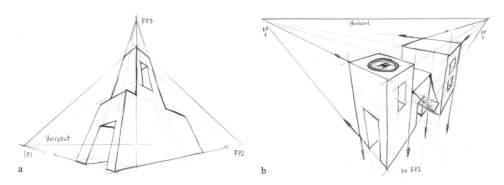

Abb. 2.22 Vereinfachte Darstellung von Gebäude aus der (**a**) Frosch- und (**b**) Helikopter-Perspektive

2.8   Vier-Punkt- und „Fischaugenperspektive"

Die Vier-Punkt-Perspektive wird hier angeführt, um noch einmal darzustellen, dass Skizzen vereinfachte Annäherungen an reale Abbildungen sind (s. Abb. 2.23 und 2.24). Es ist wichtig, die verschiedenen „Vereinfachungs-Methoden" differenziert und gezielt einsetzen zu können.

> Es geht beim Skizzieren, wie in der Fotografie, nicht darum, exakte, reale Abbildungen zu erzeugen, sondern die gewünschte Botschaft, Idee oder Wirkung möglichst gut zu vermitteln.

Die Vier-Punkt-Perspektive ist, wie die bereits angeführten Fluchtpunktperspektiven, nur eine angenäherte Darstellung. Vereinfachungen in Verbindung mit Fluchtpunktperspektiven führen u. U. zu irreführenden Darstellungen (s. z. B. Abb. 2.24a).

In der Fotografie bezeichnet man Weitwinkelobjektive mit extrem kurzer Brennweite auch als „Fisheye" bzw. „Fischaugen-Objektiv". Bei Aufnahmen mit Fischaugenobjektiven, kommt es aufgrund der Verzerrung zu sichtbaren Krümmungen von geraden Linien und Kanten im Bild. Bei extremen Weitwinkeldarstellungen in Skizzen ist es u. U. empfehlenswert, in der Darstellung die Krümmungen von Kanten zu berücksichtigen (s. Abb. 2.24b).

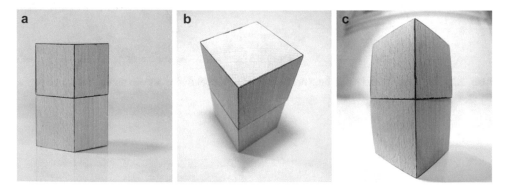

Abb. 2.23 Stehender Quader in sehr unterschiedlichen, eher extremen Perspektiven fotografiert

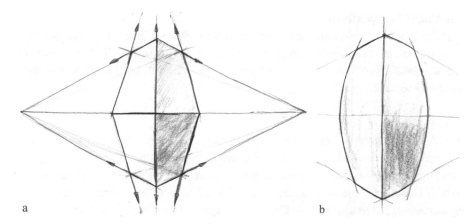

a   b

Abb. 2.24 Stehender Quader in stark verzerrter „Weitwinkelperspektive" skizziert
(**a**) Die Skizze mit vier Fluchtpunkten führt hier zu einer irreführenden Darstellung
(**b**) In der Fischaugenperspektive kann durch das Berücksichtigen der Krümmungen die gewünschte
Wirkung gut vermittelt werden. Die Wirkung bezieht sich hier auf eine relativ große Objektgröße im
Verhältnis zum Betrachtungsabstand

2.9   Zusammenfassung der Darstellungsformen

Für jede Skizze gibt es ein Bezugsystem, welches aus einem Abstand betrachtet wird. Man
kann sich das auch so vorstellen, dass sich die skizzierte Szene in einem Bezugsraum befindet, welcher aus einem bestimmten Abstand betrachtet wird. Egal, ob dieser Raum in
der Skizze dargestellt wird oder nicht. Siehe dazu auch die Kap. 9 „Raum und Objekte",
16 „Körper im Raum gedreht" und 17 „Zentralperspektive – besondere Anwendungen und
Sichtweisen". Das Bezugsystem bzw. dieser virtuelle Raum wird durch die Richtung der
Hauptachsen definiert.

> Die Perspektive einer Skizze ergibt sich aus der Lage des Bezugsystems und dem
> Betrachtungsabstand.

Normalansichten und Parallelperspektiven
Bei Normalansichten und Parallelperspektiven ist der Betrachtungsabstand unendlich
groß, und die Kanten von kubischen Körpern sind parallel. Bei Normalansichten verlaufen
die Hauptachsen waagrecht und senkrecht. Die dritte Dimension verläuft parallel nach
hinten. Sozusagen in das Blatt hinein.

Mehr-Punkt-Perspektiven

Bei Mehr-Punkt-Perspektiven kann der Betrachtungsabstand durch die Wahl der Flucht-punkte variiert werden. Die Richtung zu den Fluchtpunkten stellen die Hauptachsen dar. Durch die Wahl der Fluchtpunkte sind also die Hauptachsen, der Horizont und der Be-trachtungsabstand festgelegt.

Zentralperspektive

In der Zentralperspektive verlaufen die Hauptachsen, ähnlich wie bei Normalansichten, horizontal, senkrecht und nach hinten. Nur mit dem Unterschied, dass die Linien nach hinten zum zentralen Fluchtpunkt zusammenlaufen. Dieser zentrale Fluchtpunkt ist in der Mitte des Blickfeldes, direkt in Blickrichtung des Betrachters. Bei verschiedenen Betrach-tungsabständen ändert sich nur die Größe der Objekte, aber nicht deren Form.

Anmerkung Im Großteil dieses Buches werden die Objekte an den Hauptachsen des je-weiligen Bezugssystems orientiert. Grundsätzlich werden Objekte in den dargestellten Skizzen erst ab dem Kap. 16 „Körper im Raum gedreht" gedreht oder „frei" orientiert dargestellt.

2.10   Empfehlungen zu Darstellungsformen

Es gibt verschiedene Darstellungsmöglichkeiten. Wichtig ist, dass man vor dem Beginn der Skizze, je nach Ziel und Absicht, bewusst eine Darstellungsform auswählt. In diesem Buch werden die nachfolgend angeführten Darstellungsformen für das praktische Skizzie-ren besonders empfohlen und weiter behandelt.

Zweidimensionale Skizzen – 2D-Skizzen mit Projektionsansichten

2D-Skizzen können ergänzend zu bzw. als Basis für perspektivische Skizzen sehr hilfreich und wichtig sein. Bemaßungen und Details können gut und einfach dargestellt werden.

Isometrie

Die Verkürzungsfaktoren sind in alle drei Richtungen gleich. Die Proportionen bleiben dadurch erhalten. Es gelten dabei die Regeln der darstellenden Geometrie. Es gibt (im Gegensatz zur Zwei-Punkt-Perspektive) keinen Horizont. Die Skizze kann daher in alle Richtungen bei gleichen Verhältnissen erweitert werden.

Zwei-Punkt-Perspektive

Die Zwei-Punkt-Perspektive entspricht annähernd dem natürlichen Sehen. Sichtweisen auf und durch Objekte, wo ein Teil oberhalb und ein Teil unterhalb vom Horizont liegt, können natürlich dargestellt werden. Objekte und Szenen können anschaulich aus dem Blickwinkel eines Betrachters skizziert werden. Und es können mit einfachen Mitteln ef-fektvolle Skizzen erstellt werden!

Ein kleiner Nachteil der Zwei-Punkt-Perspektive liegt darin, dass aufgrund der Verzerrungen, die durch die parallelen senkrechten Linien entsteht geometrische Regeln nicht immer eindeutig angewendet werden können. Der geometrische Fehler, der durch die Verzerrung entsteht, ist umso größer, je kleiner der Abstand der beiden Fluchtpunkte ist. Siehe dazu auch Abschn. 12.4 „Übergänge zw. Kubus u. Zylinder in Zwei-Punkt-Perspektive". Es kann z. B. ein dritter Fluchtpunkt für Frosch- oder Vogelperspektive gewählt werden.

Ein-Punkt-Zentralperspektive
Der besondere Effekt einer Zentralperspektive kann ggf. hilfreich sein. Daher ist dieser Darstellungsform ein eigenes Kap. 17 „Zentralperspektive – besondere Anwendungen und Sichtweisen" gewidmet.

> Wählen Sie die Darstellungsform, welche der gewünschten Aussage bzw. Wirkung am dienlichsten ist.

Experimentieren Sie mit verschiedenen Darstellungsformen und Perspektiven.

Manchmal ist eine Kombination aus verschiedenen Darstellungsformen sinnvoll. Das Kombinieren von verschiedenen Darstellungsformen wird im Kap. 19 „Kombinieren und Vereinfachen von Darstellungen" explizit behandelt.

Werkzeuge, Material und nützliche Hilfsmittel

3

Im Prinzip kann jeder „Stift" verwendet werden, vom Finger im Sand über die Kreide bis zum Kugelschreiber und jedes beschreibbare Material kann eingesetzt werden, wie Papier oder Servietten. Oder man skizziert z. B. mit einem elektronischen Stift auf einem Tablet. Wie bei anderen manuellen Tätigkeiten, macht es auch beim Skizzieren Freude, mit qualitativ gutem Werkzeug zu arbeiten. Die Kosten einer guten und sinnvollen Ausstattung für das Zeichnen sind verhältnismäßig gering. In diesem Kapitel finden Sie Vorschläge und Empfehlungen für entsprechendes Equipment. Es ist schön, gutes Werkzeug und Material mit den Händen haptisch zu erleben.

3.1   Einfaches Material

In diesem Buch werden die folgenden Materialien verwendet und empfohlen.

Papier
Es wird normales weißes Papier mit 80 g/m^2 ohne Linien, wie es z. B. auch in Druckern oder Kopierern verwendet wird, empfohlen. Dieses Papier ist sowohl in A4 als auch in A3 gut und preiswert verfügbar. Beim Skizzieren ist es vorteilhaft, wenn Papier großzügig eingesetzt werden kann. Mit 80 g/m^2 scheint das Papier schon leicht durch.

Ergänzend kann weißes Papier mit 50 g/m^2 hilfreich sein. Dieses Papier ist etwas transparenter als Papier mit 80 g/m^2 und kann daher besser zum Durchpausen verwendet werden. A4-Papier mit 50 g/m^2 kann im Gegensatz zu Pauspapier in Rollen einfach kopiert und gescannt werden.

© Der/die Autor(en), exklusiv lizenziert an Springer Fachmedien Wiesbaden
GmbH, ein Teil von Springer Nature 2023
P. Gruber, *Skizzieren in Technik und Alltag*, https://doi.org/10.1007/978-3-658-41566-2_3

Grundsätzlich sind alle Formate möglich. Empfohlen wird A4-Papier im Querformat. Wenn die Fluchtpunkte weiter außen sind und am Papier sein sollen, bei umfangreicheren Skizzen oder wenn einfach mehr Platz benötigt wird, kann Papier im A3-Format sinnvoll sein.

Stifte

Mit Buntstiften in guter Qualität wie Polychromos Stifte der Firma Faber-Castel (s. Abb. 3.1) kann man Linien und Flächen optimal und differenziert gestalten. Schwarze Filzstifte werden z. B. für Schlagschatten und Texte eingesetzt. Für das Vorskizzieren sind Bleistifte hilfreich. B2 ist ein günstiger Bleistift Härtegrad, welcher sowohl für Hilfslinien, als für das Hervorheben von ersten Konturen geeignet ist.

Spitzer

Ein Spitzer in guter Qualität ist ein wichtiges Werkzeug! Der Charakter von einem Strich hängt sehr stark davon ab, wie der Stift gespitzt ist.

Manchmal ist ein stumpferer Winkel besser. Das kann z. B. bei Stiften mit weichen Farben oder für dickere Linien hilfreich sein. Es gibt Spitzer, mit der Möglichkeit verschiedene Winkel zu spitzen (s. Abb. 3.2).

In Abb. 3.3 werden Spitzer gezeigt, welche am Stift angebracht werden können. Diese dienen zusätzlich als Schutzkappe und als Stiftverlängerung, wenn Stifte schon etwas kurz werden. Spitzer in dieser Art gibt es mit und ohne Behälter für Späne.

Abb. 3.1 Polychromos Buntstifte der Firma Faber-Castel

Abb. 3.2 Spitzer mit
verschiedenen Winkeln

Abb. 3.3 Beispiele einiger Spitzer, die am Stift angebracht werden können. Erwähnt sei an dieser
Stelle „Der perfekte Bleistift" von Faber-Castell. Diesen gibt es von preiswerten bis sehr hochwer-
tigen Ausführungen

3.2   Vorschläge, Tipps und Optionen für die Ausrüstung

3.2.1   Vorschlag für die Basisausstattung

Im Wesentlichen reichen Papier, ein schwarzer Polychromos-Stift (black – Nr. 199) und
ein Spitzer.

> Der schwarze Farbstift ist der wichtigste Stift. Mit diesem Stift wird die Skizze an
> sich erstellt.

Ergänzend werden für die Basisausrüstung folgende Farbtöne vorgeschlagen:

- Dunkelroter Polychromos-Stift. Zum Beispiel, dunkelrot – Nr. 225 oder kadmiumrot
  mittel – Nr. 217.
- Dunkelblauer Polychromos-Stift. Zum Beispiel, helioblau rötlich – Nr. 151 oder indan-
  threnblau – Nr. 247.
- Hellroter Polychromos-Stift. Zum Beispiel, scharlachrot tief – Nr. 219. Zum beispiel,
  für besondere Hervorhebungen.

▶   **Tipp**   Insbesondere in der Technik sollte man Skizzen nicht zu bunt gestalten. Aber
    Farbunterschiede können in vielen Situationen die Verständlichkeit verbessern.
        Mit dunklen Farben kann man, ähnlich wie mit Schwarz, Linien und Flächen
    gut differenzieren.

Ein Bleistift in Härte B2 ist, wie bereits oben erwähnt, beim Starten einer Skizze, in der
viele Hilfslinien zu erwarten sind, sinnvoll. Wenn man bei umfangreicheren Skizzen bereits die Hilfslinien mit dem schwarzen Farbstift ausführt, wird die Gesamtskizze schnell
zu dunkel und unübersichtlich.

Den Bleistift aber nicht für Linien der finalen Skizze an sich verwenden! Bleistifte sind
nicht schwarz, sondern grau bis „silbrig". Beim Kopieren und Scannen werden diese Linien schwächer. Das ist für wichtige Linien natürlich nicht gewünscht. Für Hilfslinien
kann das aber ein Vorteil sein, weil dadurch im Scan oder in der Kopie die eigentliche
Skizze besser hervorgehoben wird.

Schwarze Filzstifte für Schlagschatten, Texte usw.

vervollständigen die Basisausrüstung.

3.2.2   Optionen zu Materialien und Anmerkungen zu Farben

Anmerkungen zu Farben

Produkt- oder situationsbezogen können Farben gezielt eingesetzt werden.

Einige Beispiele für den Einsatz von speziellen Farben:

- Blau für Metall, kühl, Wasser, Pneumatik, Hydraulik, Flüssigkeit usw.
- Rot in verschiedenen Nuancen für wichtig, kritisch, gefährlich, heiß usw.
- Grün für „sicher", „erledigt" usw.

- Orange für Roboter, aktiv, lebendig usw.
- Braun für Holz
- Usw.

Entscheiden Sie selbst, welche optionalen Farbstifte für Ihre Skizzen hilfreich sein könnten.

Lineal, Zirkel, diverse Schablonen usw

Anwendungsvorschläge für die in Abb. 3.4 gezeigten Hilfswerkzeuge werden in den entsprechenden Kapiteln angeführt.

Radierer

Abb. 3.5 zeigt einige Beispiele von Radierer. U. a. auch Radierer in Form von Schutzkappen für Stifte, welche eine sinnvolle Doppelfunktion haben. Es gibt auch Bleistifte mit integriertem Radiergummi. Bei guter Qualität ist die Härte des Radiergummis auf den Härtegrad des Bleistiftes abgestimmt.

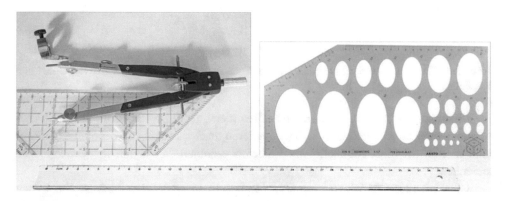

Abb. 3.4 Optionale Zeichenwerkzeuge

Abb. 3.5 Beispiele für Radierer

Abb. 3.6 Skizziert nach der Idee eines Cartoons aus dem Buch „BUSINESS UNUSUAL" von Kai Felmy

Hilfslinien sind Teil einer Skizze und stören meist nicht. Das Radieren zahlt sich also oft nicht aus – oder doch :) (s. Abb. 3.6). Radieren macht, an sich, nur bei dünnen Hilfslinien in Bleistift Sinn. An Stelle von Radieren eventuell Neubeginn mit Durchpausen andenken.

„Oder wie es ein Sprichwort von Oskar Kokoschka zum Ausdruck bringt: Das Leben ist Zeichnen – ohne die Korrekturmöglichkeiten, die der Radiergummi hat."

Kopier- bzw. Druckvorlagen und Unterlagen („Linienspiegel") mit Hilfslinien für favorisierte Darstellungsformen
Vorlagen gibt es für verschiedene Berufsgruppen oder Perspektiven zu kaufen, diese können aber für eigene Favoriten auch selbst erstellt werden.

Es werden hier grundsätzlich zwei Arbeitsweisen vorgeschlagen:

• Man kopiert oder druckt die Vorlage mit den dünn vorgezeichneten Hilfslinien und zeichnet direkt darauf. Die Hilfslinien der Vorlage sind dann auch in der Skizze vorhanden.
• Oder man legt die Unterlagen mit den dick gezeichneten Hilfslinien unter ein ausreichend durchscheinendes Papier. Die durchscheinenden Hilfslinien dienen als Orientierung beim Skizzieren auf dem darüber liegenden Blatt.

Die Abb. 3.7, 3.8, 3.9, 3.10, 3.11 und 3.12 zeigen Beispiele für Kopier-/Druckvorlagen und Unterlagen.

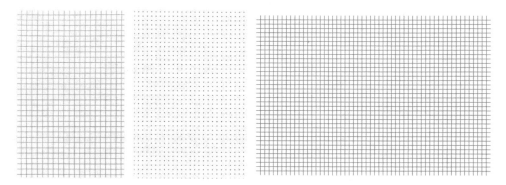

Abb. 3.7 Für 2D-Skizzen eventuell kariertes oder gepunktetes Papier versuchen. Als Unterlage kann ein klassischer Linienspiegel hilfreich sein

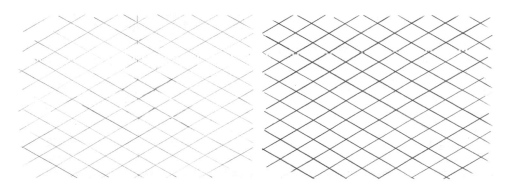

Abb. 3.8 Kopier- bzw. Druckvorlage und Unterlage für Skizzen in Isometrie

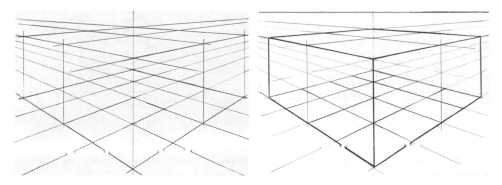

Abb. 3.9 Kopier- bzw. Druckvorlage und Unterlage für Zwei-Punkt-Perspektive mit Horizont am oberen Blattrand und Fluchtpunkten außerhalb der seitlichen Blattränder

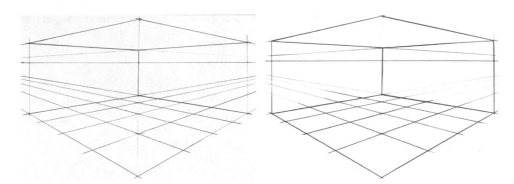

Abb. 3.10 Kopier- bzw. Druckvorlage und Unterlage für Zwei-Punkt-Perspektive mit Horizont im oberen Drittel und Fluchtpunkte außerhalb des Blattes. Diese Perspektive entspricht in etwa dem Blick einer stehenden Person in einen Raum

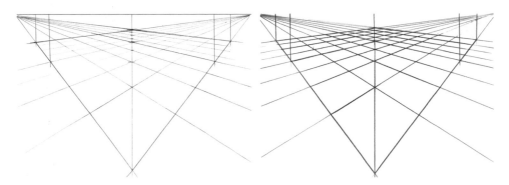

Abb. 3.11 Kopier- bzw. Druckvorlage und Unterlage für Zwei-Punkt-Perspektive mit Fluchtpunkten in den oberen Eckpunkten und geteilter Grundfläche. *Anmerkung:* Das Teilen von Flächen und Linien in der Zwei-Punkt-Perspektive wird im Abschn. 12.2 „Teilungen und Muster" behandelt

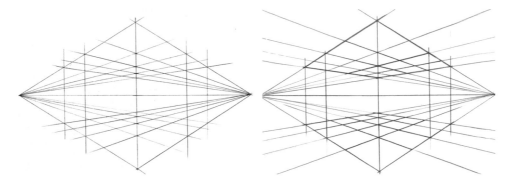

Abb. 3.12 Kopier- bzw. Druckvorlage und Unterlage für Zwei-Punkt-Perspektive mit mittigem Horizont und Fluchtpunkten an den seitlichen Blatträndern

Anmerkung Die Linien der Vorlagen werden hier etwas dunkler als in der Original-Vorlage dargestellt, damit diese gut erkennbar sind.

Durchpausen

Das Durchpausen, oder auch Overlay-Technik genannt, ist in vielen Situationen sinnvoll:

- Beim Erstellen von Varianten.
- Skizze nach Fehler noch mal starten.
- Wenn Radieren nicht sinnvoll ist, Skizze neu mit Durchpausen starten.

Wenn im frühen Stadium einer Skizze die Hilfslinien noch zu wenig durchscheinen.

- Kann das Blatt ggf. gegen eine Fensterscheibe gehalten werden.
- Kann, wie schon weiter oben angeführt, Papier mit 50 g/m² verwendet werden.
- Kann eine beleuchtete Unterlage beim Durchpausen unterstützen (s. Abb. 3.13).

Kopierer

Kopierer und Scanner sind in vielen Situationen wichtig und hilfreich.

- Beim Erstellen von Varianten.
- Beim Sichern wichtiger Zwischenschritte.
- Vor dem Ergänzen von Texten und anderen Ergänzungen, wie Schatten.
- Beim Kombinieren von Skizzen mit digitalen Elementen.
- Usw.

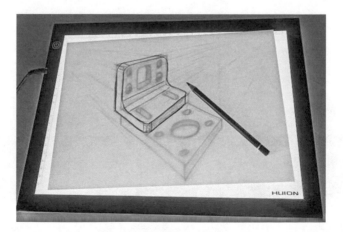

Abb. 3.13 Durchpausen mit beleuchteter Unterlage

Copic-Filzstifte

Copic-Stifte sind professionelle Marker-Stifte, die von der japanischen Firma Too Corporation hergestellt werden. Sie bieten eine breite Palette an leuchtenden Farben (s. Abb. 3.14) und eignen sich dadurch für gehobene Präsentationsskizzen. Beispiele und Anwendung, siehe Abschn. 21.3 „Oberflächen u. Texturen in Verb. m. verschiedenen Schatten". In technischen Präsentationen eignen sich besonders Grau- und Blautöne.

Skizzenbücher

Bücher für Notizen und Skizzen gibt es in verschiedenen Größen, mit unterschiedlichsten Papierqualitäten. Sie haben einen besonderen haptischen Reiz beim Arbeiten und bieten Vorteile, wenn man unterwegs skizzieren möchte (s. Abb. 3.15).

> Experimentieren Sie beim Skizzieren mit verschiedenen Materialien.

Zum Beispiel, mit verschiedenen Papiersorten und Stiften wie Kugelschreiber, unterschiedliche Farb- u. Filzstifte, wie Fineliner der Fa. STABILO usw.

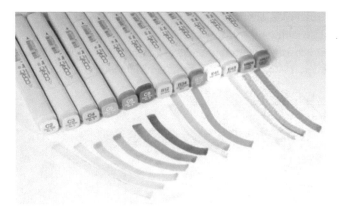

Abb. 3.14 Copic-Stifte

Abb. 3.15 Skizzenbuch

3.3 Digitale Werkzeuge

Es geht *nicht* um die Frage, ob man mit Stift und Papier *oder* digital skizzieren und zeichnen will. In vielen Situationen geht es darum, wie man die beiden Arbeitsweisen am besten *kombinieren* kann.

> Die Themen dieses Buches sind sowohl für das manuelle als auch für das digitale Skizzieren von Bedeutung.

Durch Touch-Displays in Verbindung entsprechenden digitalen Stiften ist das digitale Arbeiten dem Zeichnen am Papier angenähert. Bei entsprechender Technologie kann mit dem digitalen Stift druck sensitiv gezeichnet werden. Ergänzend gibt es verschiedene Folien für Tablets und Bildschirme, womit sich die Displayoberfläche haptisch ähnlich wie Papier anfühlt.

Dazu gibt es viele Programme und Apps, womit auf PCs, Tablets, Handys usw. Skizzen und Zeichnungen digital erstellt und bearbeitet werden können. Bei der Auswahl von Zeichenprogrammen ist es wichtig, dass man Klarheit schafft, wofür man das Tool verwenden möchte. Eine weitere wichtige Frage dabei ist, welchen Komplexitätsgrad man haben möchte. Es ist einerseits verlockend viele Möglichkeiten und Extras zu haben, was aber meist auch eine komplexere Bedienung bedeutet.

Kombiniert arbeiten

Wenn man manuell erstellte und digitale Inhalte kombinieren möchte, gibt es verschiedene Herangehensweisen.

Eine einfache Anwendung besteht darin, dass man auf Papier erstellte Skizzen scannt oder fotografiert und entsprechend digital weiterverwendet.

Eine weitere Möglichkeit besteht darin, die manuell erstellte und digitalisierte (eingescannte) Skizze in ein entsprechendes Tool zu laden und dort digital weiter zu bearbeiten. Zum beispiel, durch Ergänzen von Texten, Symbolen, Bilder usw. (s. Abb. 3.16). Dazu reichen in der Regel einfache Standard-Programme oder Apps.

Wird die Skizze digital erstellt, können ebenfalls verschiedene Inhalte geladen, kombiniert und ergänzt werden (s. z. B. Abb. 3.17).

Ergänzend ein paar persönliche Gedanken dazu

Ich arbeite schon sehr lange mit einem 3D-CAD Programm. Auch wenn ich mit dem Programm relativ gut vertraut bin, geht doch ein gewisser Anteil der Energie in das Beherrschen und Bedienen des Werkzeugs an sich. Beim Arbeiten mit Apps zum Skizzieren fließt ebenfalls Energie in das Werkzeug selbst.

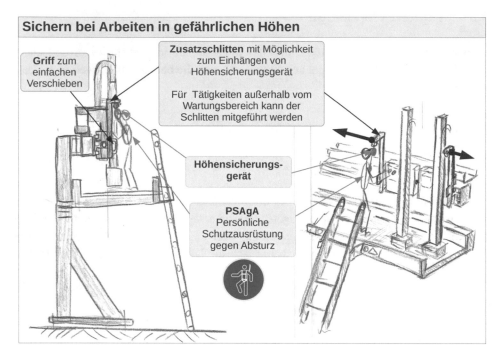

Abb. 3.16   Beispiel einer Kombination von Skizzen mit digitalen Ergänzungen. Wenn in einer Skizze relativ viele und verschiedene Informationen ergänzt werden, sind digitale Werkzeuge empfehlenswert. Siehe dazu auch Kap. 18 „Texte und andere ergänzende Informationen in Skizzen"

Abb. 3.17   Einfache Kombination aus einer Skizze und einem Foto, erstellt mit einer App auf einem Tablet

Meine Erfahrung ist, dass es ein schöner Gegenpol zur digitalen Welt ist, auf Papier mit der Hand zu arbeiten. Und, wie schon angeführt, ist es schön Materialien mit der Hand zu spüren. Beim manuellen Skizzieren auf Papier ergibt sich ein anderer kreativer Prozess im „Tun>Sehen>Tun". Außerdem bedeutet es ein Stück Freiheit, wenn man, mit Stift und Papier, überall „alles erschaffen" oder genauer gesagt darstellen kann.

Ich möchte einladen, sich hier auf das manuelle Tun einzulassen.

Teil II

Praktischer Teil – Grundlagen

Striche und Flächen sind die Basis jeder Skizze

4

Linien und Flächen sind die Grundlage jeder Skizze und beeinflussen diese sehr. In diesem Kapitel werden einige Grundvarianten von Linien und Flächen als Anregung für das praktische Üben gezeigt.

4.1 Tipps und Praktisches zu Linien und Flächen

Eine erste Herausforderung sind horizontale und vertikale Linien. Auch parallele Linien und Linien, welche an einem Punkt zusammenlaufen, sind nicht banal und kommen in Skizzen häufig vor (s. Abb. 4.1).

Unsere Augen bzw. unser Gehirn ist in gewissen Bereichen sehr heikel. Man hat eine Vorstellung, wie etwas aussehen soll, gespeichert und man erkennt (unbewusst) Abweichungen davon. Siehe dazu auch Kap. 12 „Geometrisch kritische und heikle Situationen schlüssig darstellen". Es kann daher sinnvoll sein, gewisse Hilfslinien mit Linealen, Zirkel, Schablonen oder anderen Hilfsmitteln zu erstellen. Die finalen Linien einer Skizze sollten jedoch nach Möglichkeit mit der Hand nachgezogen bzw. erstellt werden. Dadurch bleibt der Charakter eine Handskizze erhalten.

P. Gruber, *Skizzieren in Technik und Alltag*, https://doi.org/10.1007/978-3-658-41566-2_4

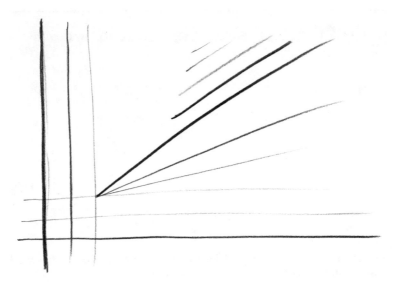

Abb. 4.1 Parallele und zusammenlaufende Linien in verschiedenen Strichstärken

▶ **Tipp**
- Hilfslinien großzügig durchziehen. Dadurch trifft man tendenziell die Richtung besser und die Linien werden gerader. Hilfslinien können in der Skizze bleiben.
- Auch wenn der Strich nicht aufs Erste passt. Nicht sofort radieren. Einfach den Strich so lange zeichnen, bis Position und Richtung ungefähr passen. Eine Skizze verträgt einiges an nebensächlichen Strichen.
- Für gerade Striche ggf. die Hand an der Tischkante anhalten. Insbesondere für erste horizontale und vertikale Striche.

> Linien und Flächen beeinflussen die Wirkung und den Charakter einer Skizze wesentlich.

Mit Farbstiften können Linien sehr gezielt und differenziert gestaltet werden (s. Abb. 4.2). Linien können exakt begrenzt sein, oder aber auch schwungvoll mit abnehmender Intensität auslaufen. Solche Linien geben einer Skizze Dynamik. Linien, welche nicht geradlinig verlaufen, vermitteln einen weniger technischen und weicheren Eindruck.

Auch Flächen können mit einfachen Mitteln unterschiedlich gestaltet werden (s. Abb. 4.3).

Flächen können vollflächig eingefärbt oder mit Schraffuren und Muster in verschiedene Richtungen versehen werden. Schraffuren und Muster haben den Vorteil, dass diese auch mit Stiften gemacht werden können, mit denen man nicht „malen" kann.

Abb. 4.2 Beispiele für die
Wirkung verschiedener Linien

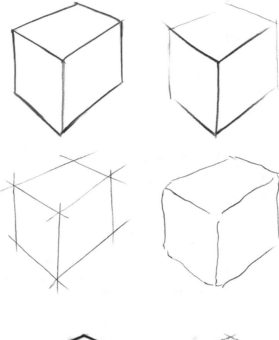

Abb. 4.3 Beispiele für die
Wirkung
verschiedener Flächen

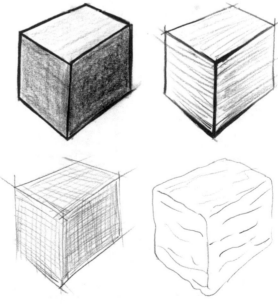

Anmerkung Verschiedene Arten von Flächen werden in späteren Kapiteln wie 11 „Licht und Schatten" und 21.3 „Oberflächen u. Texturen in Verb. m. verschiedenen Schatten" noch behandelt.

4.2   Anregungen für das Üben von Linien und Flächen

Beim Üben keine Vorsicht walten lassen! Keine Scheu, und voll drauflos. Papier ist geduldig.
   Skizzieren Sie verschiedene Linien- und Stricharten (s. Abb. 4.4)

- horizontal
- vertikal
- schräg
- parallel
- auf einen Punkt zusammenlaufen
- dünne Hilfslinien
- Hilfslinien nachziehen
- dicke Linien direkt skizzieren
- gerade

Abb. 4.4 Anregungen für das Üben von Linien

- „kurvig"
- exakte Enden
- schwungvoll auslaufende Linien
- usw.

Skizzieren Sie verschiedene Flächen (s. Abb. 4.5)

- Eckig
- Rund
- Freie Formen
- Schraffiert
- verschiedene Muster
- flächig ausgefüllt
- usw.

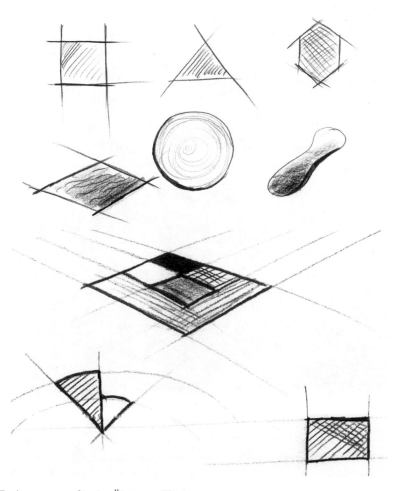

Abb. 4.5 Anregungen für das Üben von Flächen

Würfel, Quader und Objekte aus kubischen Elementen

5

Der Kubus ist in vielen Skizzen der wichtigste Grundkörper. Viele Skizzen beginnen mit einem Würfel oder Quader. Zum Beispiel als Körper an sich, als Körper in Kombination mit anderen Elementen oder als Hülle oder Raum für grobe äußere Proportionen und Orientierung der Gesamtskizze.

5.1 Würfel und Quader in verschiedenen Darstellungsformen

> Das Skizzieren von Würfeln und Quadern in den wichtigsten Darstellungsformen ist für das Skizzieren allgemein essenziell. Sie dienen in vielen Situationen als wichtige Basiselemente.

Auf Basis der Grundlagen in Kap. 2 „Theoretisch betrachtet – verschiedene Darstellungsformen" können kubischer Körper in den verschiedenen Perspektiven, einfach und klar skizziert werden. Zum Beispiel in Isometrie (s. Abb. 5.1), Zwei-Punkt-Perspektive (s. Abb. 5.2) und in Dreipunktperspektive (s. Abb. 5.3).

Anmerkung   Schattierungen werden im Kap. 11 „Licht und Schatten" behandelt.

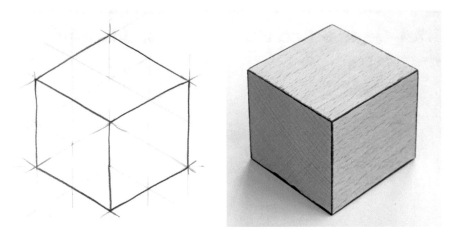

Abb. 5.1 Würfel in isometrischer Darstellungsform skizziert und annähernd in isometrischer Perspektive fotografiert

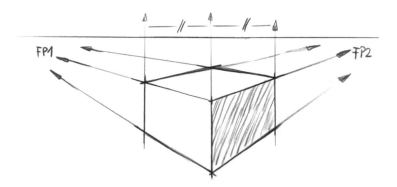

Abb. 5.2 Quader in Zwei-Punkt-Perspektiven skizziert

Abb. 5.3 Quader in
Dreipunktperspektiven. Durch
verschiedene Lagen des
Horizontes ergeben sich sehr
verschiedene Sichtweisen mit
unterschiedlicher Wirkung.
Zum Beispiel, Frosch- und
Vogelperspektive

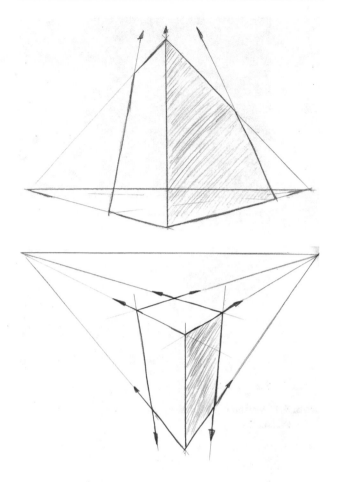

5.2   Das Skizzieren von Würfeln und Quadern als Grundübung

Skizzieren Sie verschiedene Würfel und Quader in folgenden Darstellungsformen:

- Isometrie, wie in Abb. 5.1.
- Zwei-Punkt-Perspektive aus verschiedenen Blickwinkeln, wie in Abb. 5.2 und 5.5.
- Drei-Punkt-Perspektive aus Frosch- und Vogelperspektive, wie in Abb. 5.3.

Diese Übungen wirken vielleicht banal, sind aber eine wichtige Grundlage für weitere Themen!

▶   **Tipp** Insbesondere am Anfang ist es besser, wenn die Fluchtpunkte auf dem
Blatt sind. Daher ggf. mit A3 beginnen, oder seitlich mit zusätzlichen Blättern
verbreitern (s. Abb. 5.4 und 5.5).

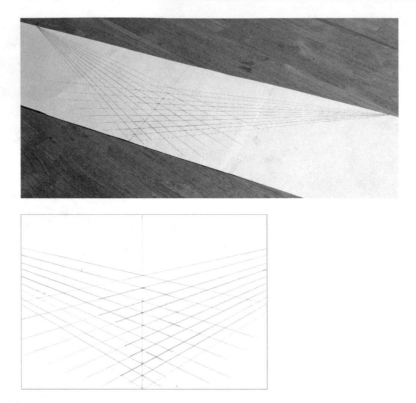

Abb. 5.4 Vorbereitung eines Zeichenblattes für Zwei-Punkt-Perspektive mit Fluchtpunkten außerhalb des Blattes.

▶   **Tipp** Besonders herausfordernd sind Linien, welche sehr flach und nahe am
     Horizont verlaufen. Hier sollte man gut darauf achten, dass diese möglichst
     gerade gezeichnet werden. Bei Linien dieser Art ggf. ein langes Lineal verwen-
     den (s. auch Abschn. 12.1 „Allgemeines und Beispiele zu kritischen Bereichen").

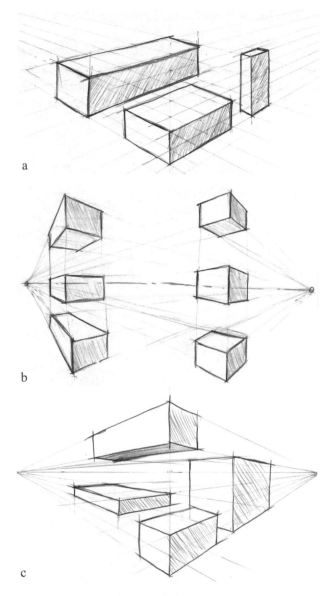

a

b

c

Abb. 5.5 Ergänzende Anregungen in Zwei-Punkt-Perspektive für die Grundübung „Skizzieren von Würfel und Quader"
(**a**) Der Horizont ist oberhalb und die Fluchtpunkte sind außerhalb des Zeichenblattes. Dadurch werden alle Quader von oben dargestellt, und die Verzerrung ist relativ gering
(**b**) und (**c**) Hier geht der Horizont durch die Szene. Ein Teil der Quader ist also unter- und ein Teil ist oberhalb des Horizontes. Durch die relativ nahen Fluchtpunkte am Rand des Zeichenblattes ist die Verzerrung größer

5.3   Würfel und Quader mit Ausnehmungen kombinieren

Mit kubischen Körpern und Ausnehmungen können schon vielfältige und umfangreichere Objekte (s. Abb. 5.9) skizziert werden. Durch die Wahl des Horizontes lassen sich in Zwei-Punkt-Perspektiven einfach sehr verschiedene Eindrücke von Objekten erzielen. In Abb. 5.6 ist der Horizont oben, in Abb. 5.7 unten und in Abb. 5.8 im mittleren Bereich gewählt.

Abb. 5.6 Kubische Objekte in Zwei-Punkt-Perspektive mit Horizont im oberen Bereich

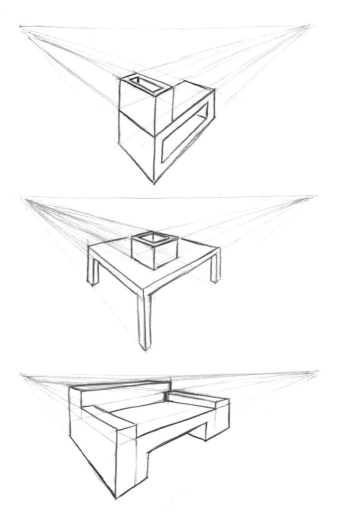

Abb. 5.7 Kubische Objekte in
Zwei-Punkt-Perspektive mit
Horizont im unteren Bereich

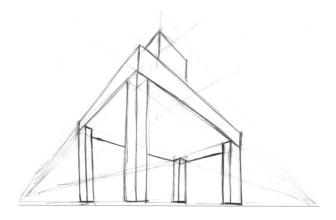

Abb. 5.8 Kubische Objekte in
Zwei-Punkt-Perspektive mit
Horizont im mittleren Bereich
durch das Objekt

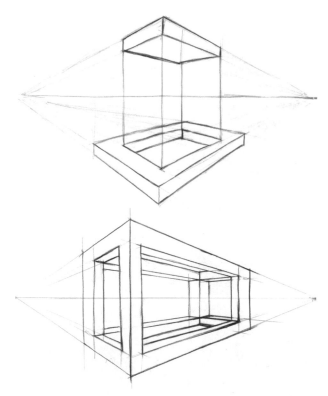

Abb. 5.9 Isometrische
Darstellung einer Förderanlage

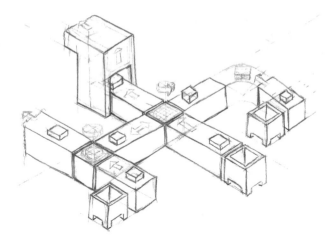

▶   **Tipp** Wenn alle Objekte zur Gänze von oben oder unten dargestellt werden,
kann auch direkt der obere bzw. untere Blattrand als Horizont verwendet werden.

Abb. 5.9 zeigt ebenfalls, dass nur mit kubischen Körpern bereits umfangreichere Objekte dargestellt werden können. Die Vorteile der isometrischen Darstellung sind in
Abschn. 2.3.2 „Isometrie" beschrieben.

Erfinden Sie selbst Kombinationen aus Würfel und Quader, mit und ohne Ausnehmungen. Die Abb. 5.1, 5.2, 5.3, 5.4, 5.5, 5.6, 5.7, 5.8 und 5.9 dienen dabei als Anregung. Sie
werden überrascht sein, welche vielfältigen Möglichkeiten sich bereits mit diesen einfachen Elementen ergeben.

Methodische Arbeitsweise allgemein, mit nützlichen Tipps

6

Im Kap. 5 „Würfel, Quader und Objekte aus kubischen Elementen" wurden bereits Grundlagen für den Aufbau von Skizzen gezeigt. Jetzt ist ein guter Zeitpunkt, bewusst auf den Arbeitsablauf einer Skizze zu achten. Arbeitsweisen können in Abhängigkeit von Motiv, Darstellungsform und Absicht differieren. Bei einfachen schnellen Skizzen kann es effizient sein, gleich mit dem finalen Stift in der finalen Strichstärke zu skizzieren. Häufig ist aber ein schrittweiser Aufbau besser geeignet.

Zu Beginn ist die gewünschte Darstellungsart, wie Zwei-Punkt-Perspektive, Isometrie oder 2D-Normalrisse festzulegen. In den Abb. 6.1, 6.2, 6.3, 6.4, 6.5, 6.6 und 6.7 wird ein einfacher und erprobter Arbeitsablauf für eine Zwei-Punkt-Perspektive vorgestellt.

Die Lage des Horizontes wählen
Je nachdem, ob das Objekt eher von oben oder unten gezeichnet wird, ist der Horizont entsprechend zu wählen (s. Abb. 6.1).

► **Tipp** Wie bereits im Kap. 5 „Würfel, Quader und Objekte aus kubischen Elementen" angeführt, kann der Horizont am oberen oder unteren Blattrand gewählt werden, wenn ein Objekt zur Gänze von oben oder unten dargestellt wird.

Die Fluchtpunkte wählen und mit einem Quader erste Proportionen prüfen
Wie im Abschn. 2.4 „Fluchtpunktperspektiven allgemein" beschrieben, beeinflusst die Position der Fluchtpunkte die perspektivische Darstellung. Die Fluchtpunkte also entsprechend der gewünschten Wirkung wählen. Durch das Skizzieren eines Quaders oder anderen einfachen Grund-Geometrien können bereits die groben Proportionen analysiert werden (s. Abb. 6.2 und 6.3).

P. Gruber, *Skizzieren in Technik und Alltag*, https://doi.org/10.1007/978-3-658-41566-2_6

Abb. 6.1 Festlegung des
Horizontes

Abb. 6.2 Festlegung der
Fluchtpunkte

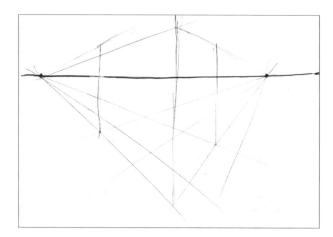

Abb. 6.3 Grobe Konturen mit
dem Bleistift skizzieren

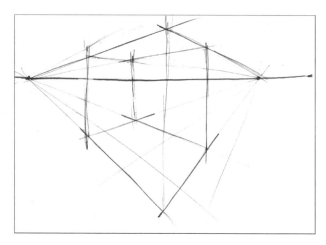

Bei den ersten Konturen ist es zu empfehlen, noch nicht zu viele Details darzustellen.
Falls aufgrund zu vieler Linien trotzdem die Übersicht verloren geht oder Fehler passieren
(s. Abb. 6.4a), könnte ein Neustart mittels Durchpausen sinnvoll sein. Einfach ein ausreichend durchscheinendes Papier darüberlegen, und die wichtigsten Elemente neu durchpausen (s. Abb. 6.4b).

Abb. 6.4 (**a**) Zu viele, und
nicht senkrechte Linien in
diesem Stadium. (**b**) Neustart
durch Durchpausen der
wesentlichen Umrisse

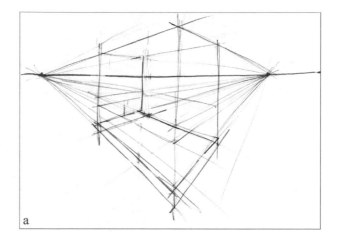

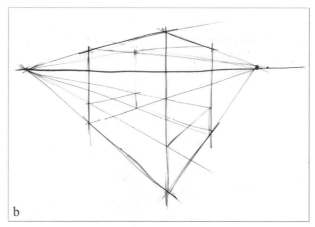

Abb. 6.5 Objektklarheit in
der Skizze

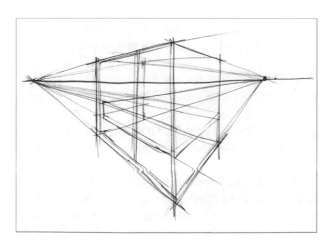

Abb. 6.6 Die fertige Skizze mit Blick in das Innere des Schrankes

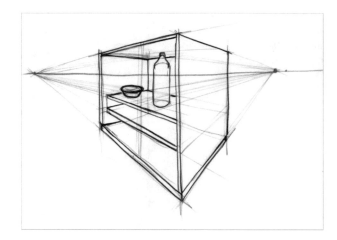

Abb. 6.7 Variante eines Objektes direkt von einer anderen Variante durchgepaust

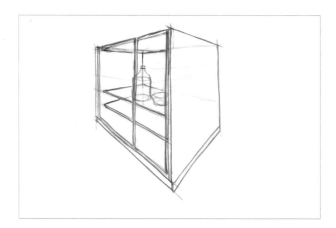

▶   **Tipp** Wie schon im Kap. 3 „Werkzeuge, Material und nützliche Hilfsmittel" angeführt, kann beim Durchpausen zur Unterstützung ggf. ein Papier mit 50 g/m², eine beleuchtete Hintergrundfläche oder einfach eine Fensterscheibe dienen.

In weiterer Folge können die wichtigsten Linien mit Bleistift so weit hervorgehoben werden, dass in der Skizze klar ist, was dargestellt werden soll (s. Abb. 6.5).

▶   **Tipp** Vor und nach dem Nachziehen der Körperkanten ist ein guter Zeitpunkt, ggf. eine Sicherheitskopie bzw. einen Sicherheitsscan zu machen.

Anschließend kann mit Polychromos-Stifte nachgezogen und final skizziert werden (s. Abb. 6.6). Beim Nachziehen von Linien darauf achten, dass nicht versehentlich verdeckte Kanten in dicker Linienstärke gezeichnet werden. Daher ist es empfehlenswert, die Skizze von vorn nach hinten zu finalisieren.

Mit Skizzen kann man effizient Varianten von Objekten darstellen. Siehe dazu auch die Abschn. 20.2 „Mit Skizzen effizient Varianten visualisieren und vergleichen" und „21.3 Oberflächen u. Texturen in Verb. m. verschiedenen Schatten". Dabei ist Durchpausen sehr hilfreich. Es kann, je nachdem, was in der neuen Varianten verändert wird, großteils ohne Hilfslinien direkt auf dem durchscheinenden Papier final skizziert werden (s. Abb. 6.7).

▶   **Tipp** Wenn mit Farben gearbeitet wird, ist es empfehlenswert nur bei dunkleren Farben auch die Striche in der jeweiligen Farbe zu machen. Wenn Flächen später mit eher hellen Farben ausgefüllt werden, ist es besser Striche für Kanten und Übergänge mit schwarzen oder ggf. mit passenden dunkleren Stiften zu erstellen.

Dieses Beispiel wird im Abschn. 11.6 „Der Schlagschatten hinter Glaselementen" noch näher beleuchtet, und die methodische Arbeitsweise für das Anbringen von Schatten fortgesetzt.

Weitere Grundkörper wie Fasen, Pyramiden, Zylinder, Kegel usw.

7

Technische und alltägliche Gegenstände bestehen häufig aus Kombinationen von einfachen geometrischen Grundelementen. Damit im nächsten Kap. 8 „Grundkörper kombinieren" entsprechend komplexere zusammengesetzte Objekte skizziert werden können, werden in diesem Kapitel die wichtigsten geometrischen Grundformen ergänzend zu Würfel und Quader vorgestellt.

7.1   Fasen, Pyramiden, Pyramidenstumpfe …

Fasen, Pyramiden, Pyramidenstumpfe usw. sind einfache Ergänzungen an Würfel und Quader. Beim Zeichnen dieser Elemente ist es hilfreich, sich an Punkte und Linien an den Flächen der kubischen Grundkörper zu orientieren (s. z. B. Abb. 7.1).

Die Abb. 7.2 zeigt, dass dieses Prinzip auch für mehrere Kanten an einem Grundkörper angewendet werden kann.

Punkte und Linien am kubischen Grundkörper sind immer wichtige Orientierungselemente (s. z. B. Abb. 7.3 und 7.4).

Skizzieren Sie selbst Körper mit Fasen, Pyramiden und Pyramidenstumpfe.

Abb. 7.1 Fasen an Quader. Orientierung an Linien und Flächen am Kubus

P. Gruber, *Skizzieren in Technik und Alltag*, https://doi.org/10.1007/978-3-658-41566-2_7

Abb. 7.2 Kubische Körper
mit Fasen an mehreren Kanten

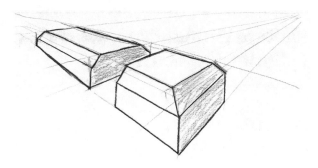

Abb. 7.3 Pyramidenstumpf in
Zwei-Punkt-Perspektive

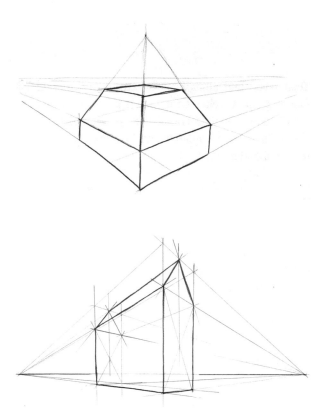

Abb. 7.4 Gebäude mit Dach in Zwei-Punkt-Perspektive. Der Horizont wurde relativ tief angenommen. Die Höhe des Gebäudes kommt dadurch gut zur Wirkung. *Anmerkung:* Das Teilen
von Flächen und Linien wird im Abschn. 12.2 „Teilungen und Muster" beschrieben

7.2 Ellipsen, Zylinder und rotatorische Drehkörper

Bei Ellipsen, Zylindern und anderen rotatorischen Körpern ist ein gewisser Unterschied in der Herangehensweise zwischen Isometrie und Zwei-Punkt-Perspektive. Daher werden die verschiedenen Darstellungsformen in verschiedenen Kapiteln behandelt.

7.2.1 Ellipsen, Zylinder und Drehkörper in Isometrie

Durch den gleichen Verkürzungsfaktor in den Hauptachsen haben in der Isometrie alle Ellipsen das gleiche Verhältnis zwischen langer und kurzer Achse. Die Tangentenpunkte können direkt von den entsprechenden Punkten der Quadrate des Würfels übernommen werden. (s. Abb. 7.5). Siehe dazu auch Abschn. 2.3.2 „Isometrie".

Mit diesen grundlegenden Informationen kann bereits ein stehender Zylinder gezeichnet werden. Wie in Abb. 7.6 dargestellt, dient ein Quader als Hüllkörper. In den oberen und unteren Flächen werden, wie oben beschrieben, die Ellipsen eingepasst. Es müssen nur noch die beiden Ellipsen mit seitlichen Tangenten verbunden werden, und schon ist der stehende Zylinder fertig.

Beim liegenden Zylinder wird, wie in Abb. 7.7 dargestellt, sinngemäß gleich vorgegangen.

Die lange Ellipsenachse ist immer senkrecht zur Zylinderrichtung. Das gilt für alle Darstellungsformen.

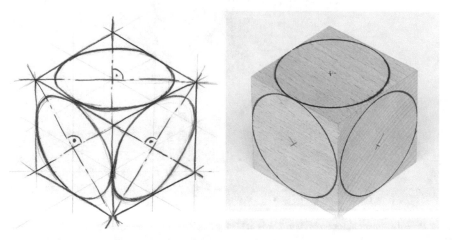

Abb. 7.5 Würfel mit Ellipsen in den Flächen

Abb. 7.6 Stehender Zylinder
in isometrischer Darstellung

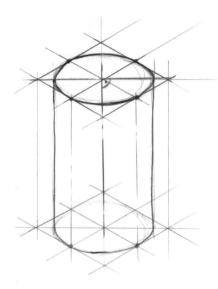

Abb. 7.7 Liegender Zylinder
in isometrischer Darstellung

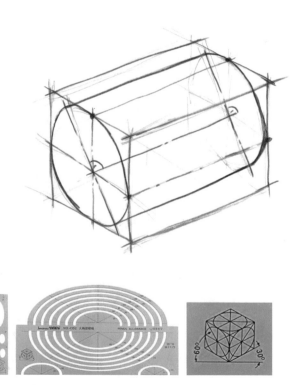

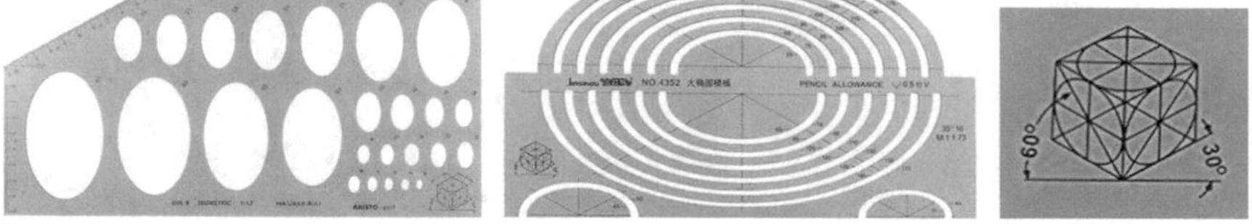

Abb. 7.8 Ellipsenschablonen im Verhältnis 1:1,7 für das Zeichnen von kreisrunden Flächen oder Kurven in isometrischer Darstellung. Siehe auch Kap. 3 „Werkzeuge, Material und nützliche Hilfsmittel"

Abb. 7.9 Rohrelement mit
Ellipsen, welche mit Schablone
vorgezeichnet wurden

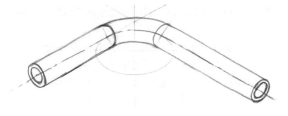

Abb. 7.10 Rotationskörper
mit isometrischer Unterlage,
wie in Kap. 3 „Werkzeuge,
Material und nützliche
Hilfsmittel" beschrieben,
skizziert

▶   **Tipp** Ähnlich wie bei Kreisen mit dem Zirkel, kann es sinnvoll sein, Ellipsen mit
Schablonen vorzuzeichnen und mit der Hand nachzuziehen. Insbesondere für
Skizzen in isometrischer Perspektive gibt es spezielle Schablonen im Verhältnis
1:1,7 (s. Abb. 7.8).

Bei den Beispielen in Abb. 7.9 und 7.10 wurden die Ellipsen mit Schablonen vorgezeichnet.

Skizzieren Sie Objekte mit Ellipsen in isometrischer Darstellung freihändig und ggf.
mit Schablone vorgezeichnet (s. Abb. 7.11).

▶   **Tipp** Freihändig gelingen Ellipsen in der Regel besser, wenn man sich mit dem
Stift mehrmals rotierend der gewünschten Form annähert.

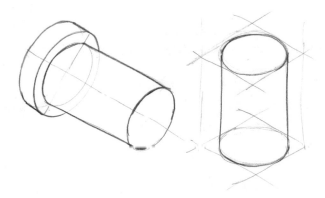

Abb. 7.11 Übungsbeispiele für Ellipsen in isometrischer Darstellung

7.2.2   Der Würfel mit Ellipsen in der Zwei-Punkt-Perspektive

In der Zwei-Punkt-Perspektive haben Ellipsen, je nach Lage des Horizontes und der Fluchtpunkte unterschiedliche Eigenschaften. Am Würfel mit Kreisen bzw. Ellipsen in den Flächen können diese hergeleitet werden.

Die Herausforderung beim Würfel mit eingepassten Ellipsen liegt darin, dass die Verkürzungsfaktoren der Würfelflächen für eine spezifische Zwei-Punkt-Perspektive schwierig abzuschätzen sind, damit diese dann zu den entsprechenden Ellipsen passen. Daher wird bei dieser Methode das Prinzip so umgekehrt, dass die Quadrate aus den Ellipsen abgeleitet werden. Diese Methode ist einfach, in vielen Situationen hilfreich und wird den Abb. 7.12, 7.13 und 7.14 gezeigt und erklärt.

Methode zur Herleitung von Quadraten in der Zwei-Punkt-Perspektive
Als Basis werden jeweils drei Linien für die beiden seitlichen Ebenen der Zwei-Punkt-Perspektive dargestellt. Anschließend wird an die drei Tangenten einer der beiden Ebenen eine Ellipse so eingepasst, dass die Normale in der Mitte der langen Achse ungefähr auf den anderen Fluchtpunkt zeigt. Die drei Tangentialpunkte können dabei ebenfalls ermittelt und genutzt werden. Daraus ergeben sich bereits alle Proportionen des Würfels und der weiteren Ellipsen in dieser Zwei-Punkt-Perspektive (s. Abb. 7.12).

In weiterer Folge kann die vierte Tangente und die Fluchtlinie des oberen Quadrates gezeichnet werden. Dann wird die obere Ellipse an die drei bestehenden Tangenten eingepasst. Die lange Achse der Ellipse ist dabei waagrecht (s. Abb. 7.13).

Daraus abgeleitet kann der Würfel auf dieselbe Weise mit den passenden Ellipsen fertig skizziert werden (s. Abb. 7.14).

Diese Methode kann nicht nur für ganze Würfel, sondern, auch für einzelne Flächen, angewendet werden.

7.2.3   Stehende Zylinder und Drehkörper in Zwei-Punkt-Perspektive

Je näher horizontale Ellipsen am Horizont sind, desto flacher werden diese (s. Abb. 7.15). Die „horizontal Ellipse" am Horizont erscheint nur mehr als Strich.

Abb. 7.12 Flächen in Zwei-
Punkt-Perspektive mit
eingepasster Ellipse

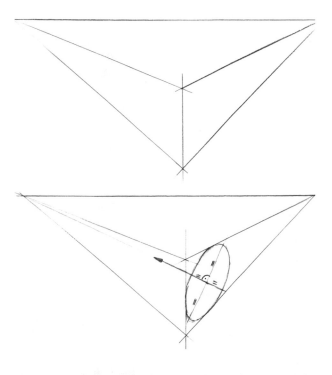

Abb. 7.13 Vierte Tangente
und die Fluchtlinie des oben
Quadrates

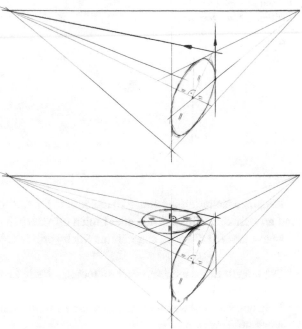

Abb. 7.14 Fertigstellung des
Würfels mit eingepassten
Ellipsen

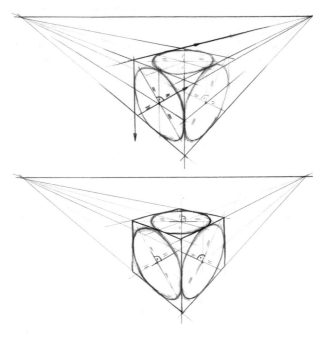

Abb. 7.15 Horizontale
Ellipsen in verschiedenen
Abständen vom Horizont

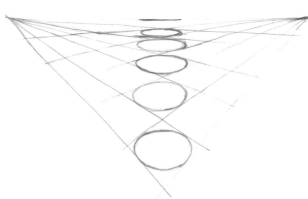

Für einen isolierten stehenden Zylinder bzw. Drehkörper in der Zwei-Punkt-Perspektive sind an sich keine Hilfsflächen oder Linien erforderlich (s. Abb. 7.16).

Man muss nur die eben angeführten Stichworte beachten:

- Die langen Ellipsenachsen sind im rechten Winkel zur gedachten Rotationsachse, also hier waagrecht.
- Ellipsen, welche weiter vom Horizont entfernt sind „runder" sind als jene, welche näher am Horizont sind.

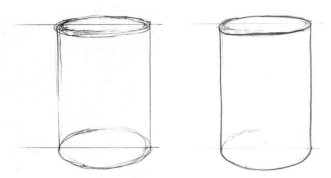

Abb. 7.16 Stehender Zylinder in Zwei-Punkt-Perspektive ohne Hilfslinien skizziert

Abb. 7.17 Quader mit
quadratischen Grundflächen als
Hüllkörper für einen stehenden
Zylinder in Zwei-Punkt-
Perspektive

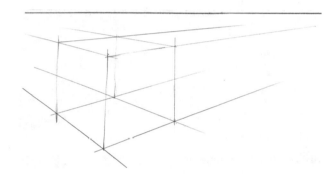

Wenn stehende Zylinder bzw. Drehkörper im Kontext zu anderen Elementen in der Skizze platziert sein werden, müssen diese bereits im Raum der zwei-Punkt-Perspektive aufgebaut werden.

Eine sehr einfache und effiziente Vorgehensweise ist, den Hüllquader mit quadratischer Grundfläche zu schätzen, und als Hilfskontur anzudeuten (s. Abb. 7.17).

Anschließend wird eine der beiden Ellipsen frei in das Quadrat eingepasst, die Tangenten zum anderen Quadrat gezogen und die zweite Ellipse in das Quadrat skizziert (s. Abb. 7.18).

Nachfolgend eine etwas genauere Methode, um die Proportionen der Quadrate und der Ellipsen zu ermitteln
Diese Methode ist an jene im vorigen Kapitel beschriebene Methode, um den Würfel mit Kreisen bzw. Ellipsen zu erzeugen, angelehnt.

Wie in Abb. 7.19 dargestellt, werden nur drei Hilfslinien der Grundfläche zur Orientierung angedeutet und die Ellipse grob eingepasst. Dabei darauf achten, dass die lange Seite der Ellipse waagrecht ist!

Nun kann das Basisquadrat durch die Tangenten an die Ellipse vervollständigt werden (s. Abb. 7.20).

Abb. 7.18 Stehender Zylinder im Kontext einer Zwei-Punkt-Perspektive

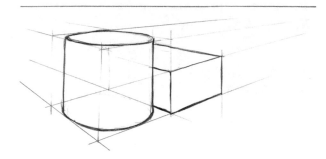

Abb. 7.19 Drei Tangenten einer quadratischen Fläche mit eingepasster Ellipse

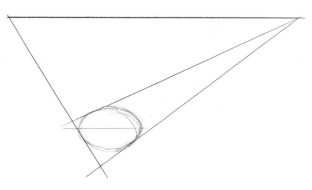

Abb. 7.20 Die Tangente an die eingepasste Ellipse ergibt die vierte Seite des Quadrates

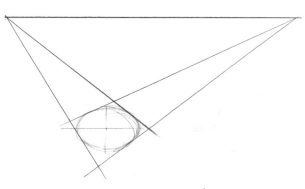

Dann kann der Hüllquader in der gewünschten Höhe fertig aufgebaut werden (s. Abb. 7.21).

In weiterer Folge können die Tangenten von der Basisellipse nach oben gezogen und der Zylinder fertig dargestellt werden (s. Abb. 7.22).

Beim vorigen Beispiel wurde eine relativ starke Verzerrung gewählt, damit die Effekte in der Zwei-Punkt-Perspektive sichtbar werden. In der Praxis ist es, wie in Abb. 7.23 dargestellt, empfehlenswert, die Fluchtpunkte weiter nach außen zu setzen.

Abb. 7.21 Hüllquader auf Basis von Grundquadrat

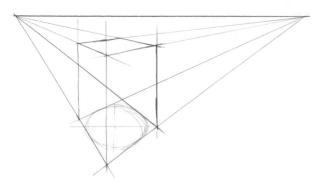

Abb. 7.22 Stehender Zylinder in der Zwei-Punkt-Perspektive

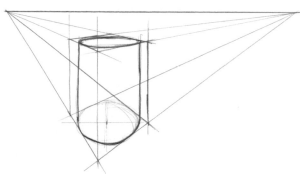

Abb. 7.23 Skizze von stehenden Gläsern in Zwei-Punkt-Perspektive mit weiter außen liegenden Fluchtpunkten. Hier wurde eine Druckvorlage, ähnlich wie sie im Kap. 3 „Werkzeuge, Material und nützliche Hilfsmittel" vorgestellt wurde, verwendet

▶   **Tipp** Insbesondere, wenn mehrere Ellipsen in einer Skizze vorkommen, reicht es meist, die Ellipsen „nach Gefühl" zu zeichnen. Denn beim Skizzieren soll das freie Zeichnen im Vordergrund stehen. Ggf. je nach Situation einzelne Ellipsen mit Fluchtlinien oder Flächen kontrollieren.

In den Abb. 7.24 und 7.25 wurde der Horizont so gewählt, dass ein Teil der Ellipsen ober- und ein Teil unterhalb ist.

Abb. 7.24 Beispiele mit
stehenden Rotationskörpern

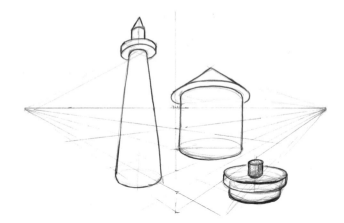

Abb. 7.25 Anregungen für
Skizierübungen mit
horizontalen Ellipsen und
stehenden Zylinder und
Drehkörper in Zwei-Punkt-
Perspektive. Der Horizont geht
mitten durch die Szene, daher
ist ein Teil der runden
Geometrien von oben und ein
Teil von unten dargestellt. Die
Ellipsen wurden hier frei
geschätzt

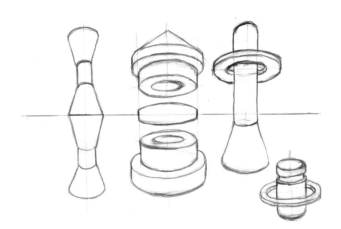

7.2.4   Liegende Zylinder und Drehkörper in Zwei-Punkt-Perspektive

In Abb. 7.26 sind die wichtigsten Eigenschaften eines liegenden Zylinders dargestellt.

Die Abb. 7.27 zeigt eine einfache Methode mit geschätztem vorderem Grund-Quadrat. Skizzieren heißt vereinfachen. Daher reicht es in den meisten Fällen, die Tangenten an der grob eingepassten vorderen Ellipse nach hinten zu ziehen. Die zweite Ellipse kann auf Basis der Tangenten einfügt werden.

Analog zum stehenden Zylinder auch hier die Methode, für die Ermittlung der Proportionen vom Grund-Quadrat

Wie in Abb. 7.28 und 7.29 dargestellt, werden nur drei Hilfslinien der ersten Fläche zur Orientierung angedeutet und die Ellipse grob eingepasst. Dabei darauf achten, dass die lange Seite der Ellipse senkrecht zu Linie Richtung Fluchtpunkt ist!

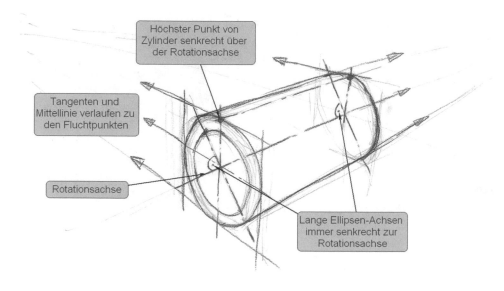

Höchster Punkt von
Zylinder senkrecht über
der Rotationsachse

Tangenten und
Mittellinie verlaufen zu
den Fluchtpunkten

Rotationsachse

Lange Ellipsen-Achsen
immer senkrecht zur
Rotationsachse

Abb. 7.26   Die wichtigsten Eigenschaften eines liegenden Zylinders

Abb. 7.27   Liegende Zylinder
in Zweipunkt-Perspektive aus
verschiedenen Blickwinkeln.
Anmerkung: Schattierungen
werden im Kap. 11 „Licht und
Schatten" behandelt

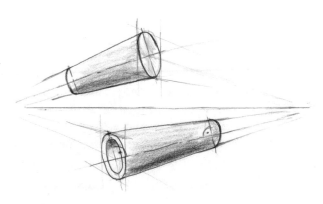

Abb. 7.28   Drei Seiten einer
Fläche und die Fluchtrichtung

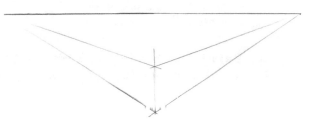

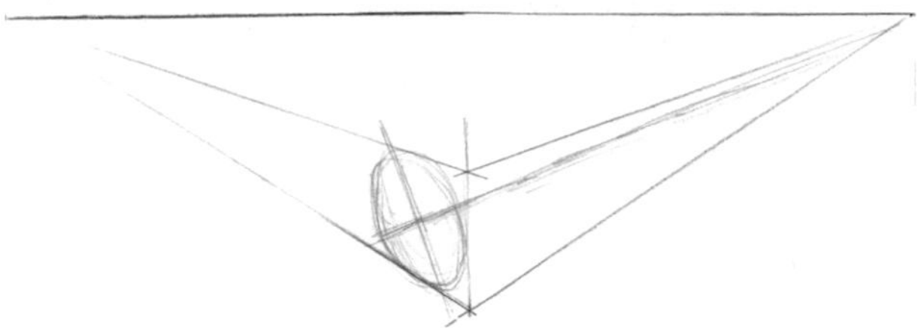

Abb. 7.29 Die Ellipse so
einpassen, dass die drei
gegebenen Seiten tangiert
werden, und die Normale auf
die lange Ellipsenachse in
Fluchtrichtung des
Drehkörpers zeigt

Abb. 7.30 Liegender
Zylinder in der Zwei-Punkt-
Perspektive

Abb. 7.31 Liegender
Drehkörper in Zwei-Punkt-
Perspektive

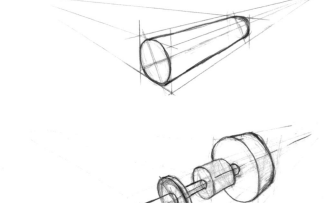

Dann kann der Hüllquader in der gewünschten Länge fertig aufgebaut werden. In weiterer Folge können die Tangenten von der Basisellipse nach hinten gezogen und der Zylinder fertig dargestellt werden (s. Abb. 7.30).

Die Abb. 7.31, 7.32, 7.33 und 7.34 zeigen Beispiele von liegenden Drehkörpern.

Die langen Achsen der Ellipsen sind immer senkrecht zu Fluchtrichtung.

Dadurch ergibt sich im Beispiel in Abb. 7.32, dass die zwei Achsen des Riemens zwei etwas unterschiedliche Fluchtrichtungen haben

▶   **Tipp** Bei Drehkörper mit mehreren Ellipsen reicht es meist nur eine Ellipse herzuleiten, und die weiteren Ellipsen darauf aufbauend frei zu skizzieren.

Abb. 7.32 Antriebssystem
mit liegenden
Rotationskörpern. *Anmerkung:*
Das Kombinieren von
Grundkörpern wird im
nächsten Kap. 8 „Grundkörper
kombinieren" behandelt

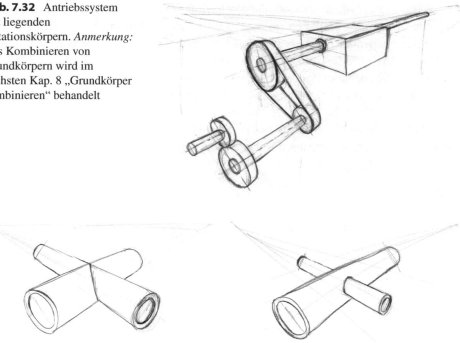

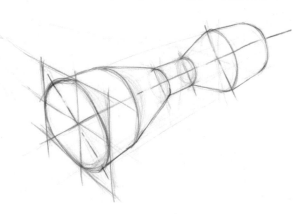

Abb. 7.33 Liegende Rohre mit Durchdringungen. *Anmerkung:* siehe auch Abschn. 13.3 „Verschneidungen"

Abb. 7.34 Liegender
Drehkörper

▶   **Tipp** Wenn mehrere liegende Ellipsen in einem Objekt sind, eher weniger Verzerrung wählen, und damit die Fluchtpunkte weiter außen ansetzen. Bei starker
Verzerrung muss man mehr kaschieren, um eine schlüssige Gesamtdarstellung
zu erhalten. Die Thematik, wenn mehrere Ellipsen aufgrund der Geometrie des
Gesamtobjektes richtig dargestellt werden sollen, wird im Kap. 12 „Geometrisch
kritische und heikle Situationen schlüssig darstellen" noch genauer behandelt.

Nutzen Sie beim Üben die in diesem Kapitel angeführten Beispiele als Impuls für
eigene Skizzen von verschiedenen Rotationskörpern.

Grundkörper kombinieren

8

Dieses Kapitel ist der eigentliche Schritt, um umfangreichere Objekte skizzieren zu können. In den Kap. 5 „Würfel, Quader und Objekte aus kubischen Elementen" und 7 „Weitere Grundkörper wie Fasen, Pyramiden, Zylinder, Kegel usw." wurden die wichtigsten Geometrien dafür vorgestellt. Die gelernten Regeln und Methoden der Einzelkörper können nun für verschiedenste umfangreichere Objekte in Kombination angewendet werden.

8.1 Beispiele für Kombinationen aus Grundkörper

> Das Kombinieren von Grundkörpern ist der entscheidende Schritt, um umfangreichere Objekte skizzieren zu können.

Es ist empfehlenswert, sich für diesen Schritt etwas Zeit zu nehmen, und einige Übungsbeispiele zu erstellen. Der Schwerpunkt in diesem Kapitel liegt in den Beispielen, in denen das bisher Gelernte praktisch angewendet wird. Nutzen Sie die nachfolgenden Skizzen als Anregung und finden Sie selbst Objekte. Sie werden erkennen, dass sich viele scheinbar komplexe Formen auf einfache Grundkörper reduzieren lassen. Ihr analytischer Blick dafür wird sich schärfen.

Die Abb. 8.1, 8.2, 8.3, 8.4, 8.5 und 8.6 zeigen Kombinationen aus einfachen Grundelementen in Zwei-Punkt-Perspektive. Die besonderen Eigenschaften der Zwei-Punkt-Perspektive sind im Abschn. 2.5 „Perspektive mit zwei Fluchtpunkten – Zwei-Punkt-Perspektive" beschrieben.

© Der/die Autor(en), exklusiv lizenziert an Springer Fachmedien Wiesbaden GmbH, ein Teil von Springer Nature 2023
P. Gruber, *Skizzieren in Technik und Alltag*, https://doi.org/10.1007/978-3-658-41566-2_8

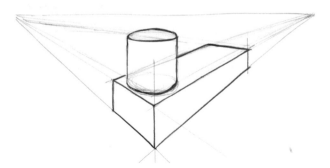

Abb. 8.1 Einfache Kombination von Quader und Zylinder in Zwei-Punkt-Perspektive. Die Flucht-punkte sind bei diesem Beispiel relativ nahe. Das vermittelt bei einer stärkeren Verzerrung einen relativ nahen Betrachtungsabstand. Wie schon angeführt, können in der Regel Hilfslinien sichtbar bleiben. Wenn ein Strich nicht auf Erste passt, einfach die Linie so lange wiederholen, bis die Richtung schlüssig ist

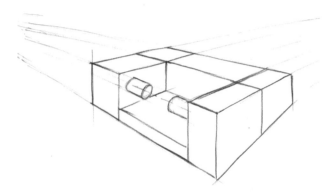

Abb. 8.2 Mit sehr einfachen Geometrien können bereits Objekte wie diese Doppelspindel-Dreh-maschine skizziert werden

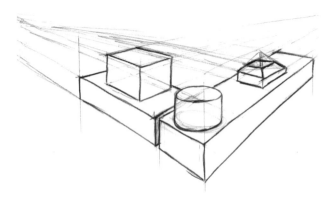

Abb. 8.3 Schematischen Darstellung einer einfachen Fördertechnik. Hier wurden die Fluchtpunkte in einem größeren Abstand außerhalb des Zeichenblattes gewählt. Dadurch ergibt sich ein größerer Betrachtungsabstand mit weniger Verzerrung

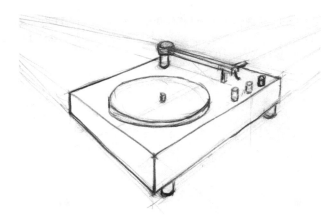

Abb. 8.4 Das Beispiel dieses Plattenspielers zeigt ebenfalls, dass eine günstige Wahl der Fluchtpunkte eine sehr gefällige Perspektive entstehen lässt

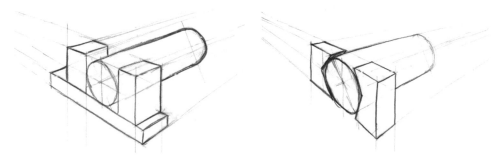

Abb. 8.5 Varianten von Spannmechanismen. Beim Kombinieren von Körpern werden häufig Bezugspunkte von benachbarten Geometrien verwendet. Das Vergleichen von Varianten wird im Abschn. 20.2 „Mit Skizzen effizient Varianten visualisieren und vergleichen" behandelt

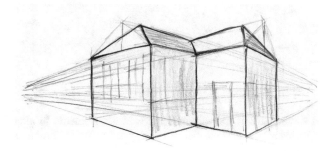

Abb. 8.6 Bei dieser Skizze eines Hauses verläuft der Horizont durch das Objekt. Der Horizont ist die Augenhöhe in Relation zum Objekt. Hier entspricht das in etwa einer am Boden stehenden erwachsenen Person. Für die Darstellung der Dachschrägen sind entsprechende Hilfslinien, welche sich am Basisquader orientieren, erkennbar

Die Abb. 8.7, 8.8 und 8.9 zeigen Kombinationen aus einfachen Grundelementen in isometrischer Parallelperspektive. Die besonderen Eigenschaften der Isometrie sind im Abschn. 2.3.2 „Isometrie" beschrieben.

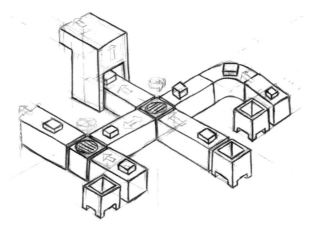

Abb. 8.7 Fördertechnik in isometrischer Darstellung. In der isometrischen Parallelperspektive kann eine Skizze in alle Richtungen bei gleichen Bedingungen erweitert werden

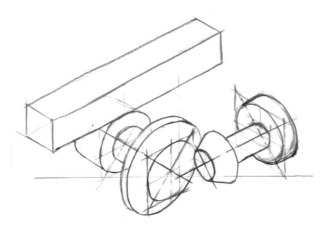

Abb. 8.8 Beispiel Antriebsstrang. Die Ellipsen haben in der Isometrie in allen Richtungen und Größen das gleiche Verhältnis zwischen langer und kurzer Achse. Beim Kombinieren kann man sich dadurch gut an anderen Ellipsen in der Skizze orientieren

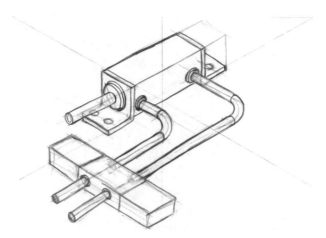

Abb. 8.9   Beispiel aus der Fluidtechnik. Wenn Einzelkörper nicht unmittelbar über Flächen verbunden sind, ist es wichtig, dass die Relation zueinander schlüssig dargestellt ist. *Anmerkung*: Die Ellipsen sind hier mit Schablonen als Hilfslinien vorgezeichnet

8.2   Körper zusammensetzen und/oder „schnitzen"

Wenn die Geometrie aus einem Körper „geschnitzt" wird, ist die umhüllende Form eine wichtige Orientierungshilfe. Beim Beispiel in Abb. 8.10 dient ein Quader als Ausgangskörper.

Beim Zusammensetzen von Elementen zu einem Gesamtobjekt sind die Bezüge zwischen den Elementen wichtig (s. Abb. 8.11, 8.12 und 8.13).

Häufig ist eine Kombination aus zusammengesetzten und „geschnitzten" Elementen sinnvoll (s. z. B. Abb. 8.14 und 8.15).

Auch unsichtbare Linien können, wie in Abb. 8.16 strichliert dargestellt, für das Verständnis der Skizze günstig sein.

Analysieren Sie Gegenstände in Bezug auf deren Geometrien.

Sie werden in Ihrem Umfeld Objekte mit interessanten Geometriekombinationen finden. In Abb. 8.17 sind einige Beispiele als Anregung zur Geometrieanalyse dargestellt.

In technischen Baugruppen und Werkstücken kommen Kombinationen von klaren Geometrien häufig vor. Die Beispiele in den Abb. 8.18 und 8.19 zeigen technische Baugruppen aus zusammengebauten und „gefrästen" Elementen.

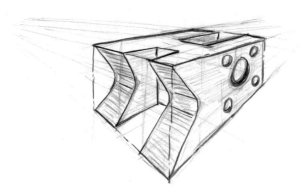

Abb. 8.10 Greifbacke aus Quader „gefräst"

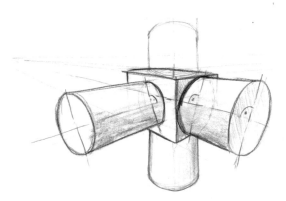

Abb. 8.11 Objekt aus einem Quader mit angebauten Zylindern. Wenn direkt auf Körperflächen weitere Körper angesetzt werden, ist es wichtig, sich die entsprechenden Bezugslinien und Punkte an der bereits bestehenden Geometrie zu suchen

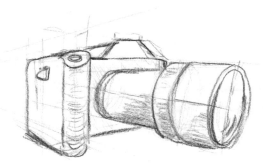

Abb. 8.12 Beispiel Kamera. Hier werden nicht nur Quader und Zylinder kombiniert. *Anmerkung:* Schattierungen werden im Kap. 11 „Licht und Schatten" behandelt

Abb. 8.13 Das Beispiel aus der Automatisierungstechnik wirkt schon etwas komplexer. Dieser Roboter ist aber einfach aus Grundelementen Schritt für Schritt zusammengebaut. Durch die isometrische Darstellungsform konnten alle Ellipsen mit einer Standard-Schablone im Verhältnis 1:1,7 vorgezeichnet werden. *Anmerkung:* Pfeile werden im Kap. 15 „Pfeile zum Darstellen von Bewegungen, Kräften, Abläufen usw." behandelt

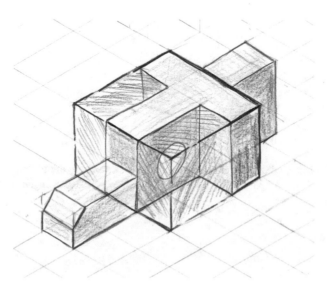

Abb. 8.14 Kombination aus zusammengesetzten und „geschnitzten" Elementen. *Anmerkung:* Schattierungen werden im Kap. 11 „Licht und Schatten" behandelt

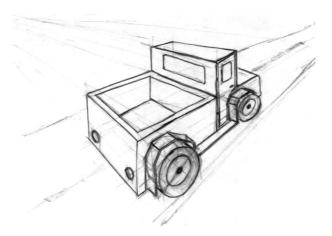

Abb. 8.15 Beim Kombinieren bewusst situationsbedingt entscheiden, ob man „anbauen" oder „wegschneiden" will

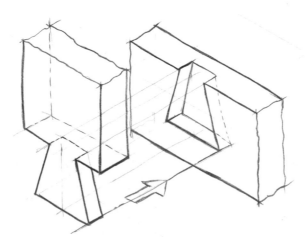

Abb. 8.16 Historische Holzverbindung in isometrischer Darstellung mit unsichtbaren Linien. Anmerkung: Pfeile werden im Kap. 15 „Pfeile zum Darstellen von Bewegungen, Kräften, Abläufen usw." behandelt

Abb. 8.17   Anregungen für das Üben von „geschnitzten" (in diesem Fall gefrästen) und zusammengebauten Objekten

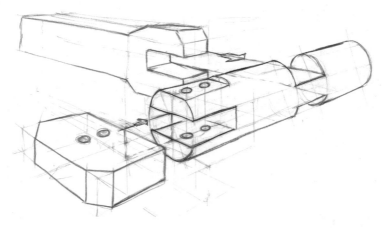

Abb. 8.18   Technische Baugruppe als Explosionszeichnung in Zwei-Punkt-Perspektive. *Anmerkung:* Pfeile, siehe Kap. 15 „Pfeile zum Darstellen von Bewegungen, Kräften, Abläufen usw."

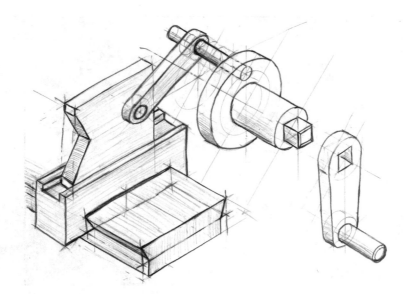

Abb. 8.19 Technische Baugruppe in isometrischer Darstellung. Das Beispiel ist symbolhaft, um das Hinzufügen und Wegnehmen von Elementen im Kontext einer Baugruppe zu zeigen. *Anmerkung:* Schattierungen, siehe Kap. 11 „Licht und Schatten"

▶ **Tipp** Liegt die Absicht einer Skizze vorwiegend darin, umfangreichere technische Inhalte zu vermitteln, ist gegenüber der Zwei-Punkt-Perspektive eher eine isometrische Darstellung zu empfehlen (s. z. B. Abb. 8.19).

Es sei denn, man will einen „perspektivischen Blick durch eine Szene" darstellen. Manchmal ist eine Kombination aus Darstellungsformen sinnvoll. Siehe dazu auch Kap. 19 „Kombinieren und vereinfachen von Darstellungen".

Raum und Objekte

9

Räume sind in unserem Leben alltäglich. Dinge existieren häufig in Beziehung zu ihrer Umgebung. In einer Skizze kann bewusst entschieden werden, ob man ein Objekt für sich wirken lassen will, oder ob man es in Relation zu seiner Umgebung darstellt. In diesem Kapitel werden verschiedene Wirkungen von Räumen und Umgebungen in Skizzen erläutert.

Im Kap. 16 „Körper im Raum gedreht" bekommt der Raum noch eine andere Bedeutung. Siehe dazu auch allgemein das Kap. 2 „Theoretisch betrachtet – Verschiedene Darstellungsformen".

> Der Raum ist das Bezugssystem einer Skizze, auch wenn dieser nicht explizit dargestellt wird. Oder anders ausgedrückt: Das Bezugssystem einer Skizze definiert einen Raum, in dem sich die Szene mit den Objekten befindet. Dieser Raum kann, je nach gewünschter Wirkung, in der Skizze dargestellt oder angedeutet werden. Er kann aber auch nur virtuell in Form der entsprechenden Bezüge auf die Skizze wirken.

In diesem Kapitel liegt der Schwerpunkt aber auf die zeichnerische Einbindung von Räumen bzw. Elemente davon.

P. Gruber, *Skizzieren in Technik und Alltag*, https://doi.org/10.1007/978-3-658-41566-2_9

9.1   Wenn erforderlich oder hilfreich, den Raum einbeziehen

Die Abb. 9.1, 9.2, 9.3 und 9.4 zeigen anhand von Beispielen die verschiedene Wirkung von Raum, Raum mit Objekten und Objekt ohne Raum. Die Bedeutung von Räumen hängt auch von der Thematik ab. Naturgemäß sind in der Innenarchitektur Räume ein wesentlicher Teil der Skizzen-Aussage.

Grundsätzlich ist es gut, wenn man schon am Beginn der Skizze weiß, ob man einen Raum einbeziehen will. Erfahrungsgemäß kann aber ein Raum bzw. ein Boden auch relativ spät ergänzt oder hervorgehoben werden (Abb. 9.5).

Die Abb. 9.6, 9.7, 9.8 und 9.9 zeigen, dass eine Skizze bereits durch die Einbindung des Bodens für den Betrachter besser erfassbar wird. Die Objekte werden sozusagen „geerdet".

Abb. 9.1 Leerer Raum ohne Objekte. Insbesondere in der Innenarchitektur spielen Räume eine wichtige Rolle

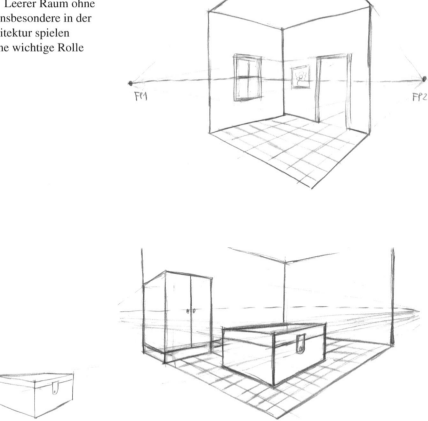

Abb. 9.2 Kiste ohne Raum und Kiste im Kontext eines einfachen Raumes

Abb. 9.3   Regale in einem nur
durch die roten Striche
angedeutetem Raum

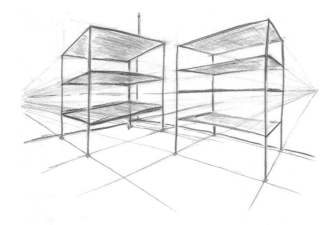

Abb. 9.4   Wohnzimmer in Zwei-Punkt-Perspektive, von erhöhtem Blickwinkel betrachtet. *Anmer-*
kung: Schattierungen werden im Kap. 11 „Licht und Schatten" behandelt

Abb. 9.5 Beispiel Möbelwand. Der Raum ist nur mit wenigen Strichen im rechten Bereich hervor-gehoben. Aber diese wenigen Striche und der angedeutete Boden unterstreichen die Aussage der Skizze. *Anmerkung:* Schattierungen werden im Kap. 11 „Licht und Schatten" behandelt

Abb. 9.6 Schlagzeug ohne und mit Boden. Besonders wenn ein Objekt nicht oder kaum aus kubi-schen Grundkörpern besteht, und die Elemente nicht oder nur lose verbunden sind, ist für das schnelle Erfassen der Skizze der angedeutete Boden hilfreich. *Anmerkung:* Das Drehen von Körper im Raum wird im Kap. 16 „Körper im Raum gedreht" behandelt

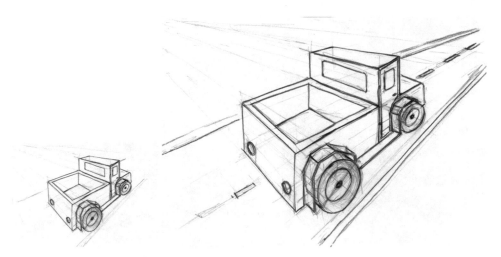

Abb. 9.7 Durch das Andeuten der Straße nimmt das Lastauto aus dem Kap. 8 „Grundkörper kombinieren" Fahrt auf und bekommt dadurch Dynamik.

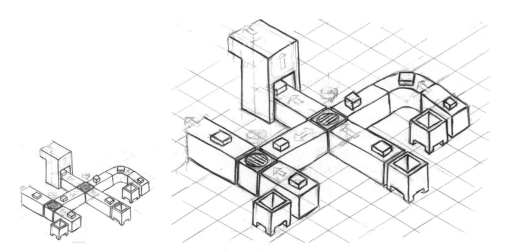

Abb. 9.8 Dieses Beispiel einer Fördertechnik zeigt, dass der Bodenbezug für weniger kompakte, eher weitläufige, Objekte wichtig ist. In der linken Darstellung ohne Boden wirkt es, als ob das gesamte Gebilde frei im Raum schweben würde. Was bei diesem Motiv nicht gewünscht ist

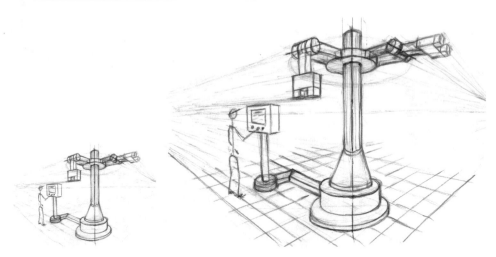

Abb. 9.9 Besonders, wenn Personen in die Skizze eingebunden werden, ist eine „Erdung" mit angedeutetem Boden gut für das Verständnis. *Anmerkung:* Das Skizzieren von Personen wird im Kap. 14 „Personen in Skizzen einbinden" behandelt

9.2   Braucht ein Objekt einen „Raum"?

Bei eher kompakten Objekten, welche keinen Raumbezug benötigen, ist es oft effizienter, gleich mit dem Objekt zu beginnen (s. Abb. 9.10). Wichtig ist auch hier, dass bei Fluchtpunktperspektiven die Kanten auf die gedachten Fluchtpunkte ungefähr zusammenlaufen, bzw. bei Parallelperspektiven parallel sind. Der virtuelle Raum ist, wie bereits am Beginn dieses Kapitels angeführt, immer vorhanden, auch wenn dieser nicht dargestellt ist.

Probieren Sie es aus. Skizzieren Sie einen Raum, Objekte mit Raum und ein Objekt, ohne vorher einen Raum aufzuziehen.

Abb. 9.10 Greifer mit
angedeutetem Werkstück.
Direkt in Zwei-Punkt-
Perspektive mit relativ weit
außen liegenden Fluchtpunkten
skizziert

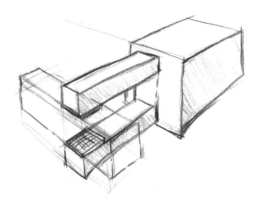

Die Basis ist gelegt

10

Die Basis ist gelegt! Nun können die unendlichen Räume des Skizzierens erschlossen werden. Durch das Kombinieren von Grundkörpern mit und ohne Raum können verschiedenste und auch schon komplexe Objekte und Situationen in unterschiedlichen Darstellungsformen skizziert werden.

Dieses Kapitel hebt den entscheidenden Meilenstein hervor, dass durch das Kombinieren von Geometrien in den verschiedenen Darstellungsformen fast alles aus dem gewünschten Blickwinkel dargestellt werden kann.

Die Abb. 10.1 deutet symbolisch an, dass Ihnen mit den bis hier erläuterten Methoden, Techniken und Informationen bereits die unendlichen Räume des Skizzierens offenstehen.

Im praktischen Teil III „Fortgeschritten Techniken" gibt es noch viele spannende Themen und Ergänzungen rund um das Skizzieren. Wie Schattierungen, Rundungen, Freiformflächen, Personendarstellungen, Pfeile, Texte, Oberflächen usw. Ein wichtiges Ziel dabei ist es u. a., möglichst effizient ansprechende Skizzen zu erstellen.

P. Gruber, *Skizzieren in Technik und Alltag*, https://doi.org/10.1007/978-3-658-41566-2_10

Abb. 10.1 Die unendlichen
Räume des Skizzierens stehen
nun offen

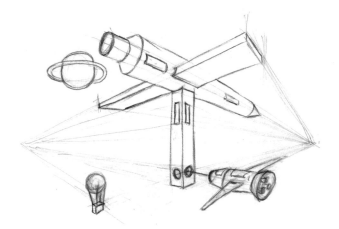

Teil III

Praktischer Teil – Fortgeschrittene Techniken

Licht und Schatten

11

Licht spielt in unserem Leben eine große Rolle. Wenn wir Dinge, Räume usw. betrachten hat das Licht einen wesentlichen Anteil auf unsere Wahrnehmung. Daher ist es gut, wenn wir auch beim Skizzieren die Möglichkeit haben, das Licht mit aufzunehmen. Dadurch wird die Skizze für den Betrachter natürlicher und realistischer. Dieses Kapitel bietet Informationen und Methoden zum Thema Schatten und eine umfangreiche Sammlung an hilfreichen Beispielen.

11.1   Licht unterstützt die natürliche Wahrnehmung von Skizzen

Perspektivische Darstellungen unterstützen uns bei der natürlichen Wahrnehmung einer Skizze.

> Nachdem in der Realität immer Licht im Spiel ist, verbessern Schattierungen die Wirkung einer Skizze erheblich.

Wie in Abb. 11.1 zu sehen ist, kann das Wechselspiel von Licht und Schatten sehr komplex sein. Wie schon angeführt, ist beim Skizzieren Vereinfachung hilfreich. Daher werden in diesem Kapitel Methoden und Tipps gezeigt, wie in Skizzen effizient Wirkungen mit Schattierungen erzielt werden können.

© Der/die Autor(en), exklusiv lizenziert an Springer Fachmedien Wiesbaden
GmbH, ein Teil von Springer Nature 2023
P. Gruber, *Skizzieren in Technik und Alltag*, https://doi.org/10.1007/978-3-658-41566-2_11

Abb. 11.1   Kunstobjekt von „ArteLaVista – brazilian handicraft & design" – www.artelavista.com. Das Spiel zwischen Licht und Schatten kann sehr komplex sein", fotografiert 2021

11.2   Der Eigenschatten ist immer empfehlenswert

Der Körper- oder Eigenschatten ist jener Schatten, der von einem Objekt auf sich selbst geworfen wird (s. Abb. 11.2).

> Eigenschatten sind beim Skizzieren an sich immer zu empfehlen. Sie unterstützen mit relativ wenig Aufwand die Dreidimensionalität und damit das Verständnis von Skizzen.

Der Eigenschatten kann in verschiedenen Arten aufgebracht werden. Die Abb. 11.3, 11.4 und 11.5 zeigen einige Varianten.

Schraffuren und Muster haben den Vorteil, dass diese auch mit Stiften gemacht werden können, mit denen man nicht „malen" kann. Zum Beispiel bei schnellen Skizzen mit einem Kugelschreiber.

Wie Vieles beim Skizzieren, ist auch beim Eigenschatten einiges Ansichtssache. Schattierungen können auch situationsbezogen verschieden hilfreich sein.

- Schraffierungen geben etwas mehr Dynamik
- Muster geben etwas mehr Struktur
- Gefüllte Fläche geben etwas mehr Volumen

Ob man bei farbigen Objekten die Linien in der jeweiligen Füllfarbe oder mit einem schwarzen Stift ausführt, ist im Grunde auch Geschmacksache, und von der Situation abhängig. Insbesondere bei helleren Farben ist es aber empfehlenswert, die Linien schwarz auszuführen (s. Abb. 11.6).

Abb. 11.2 Quader mit
Eigenschatten

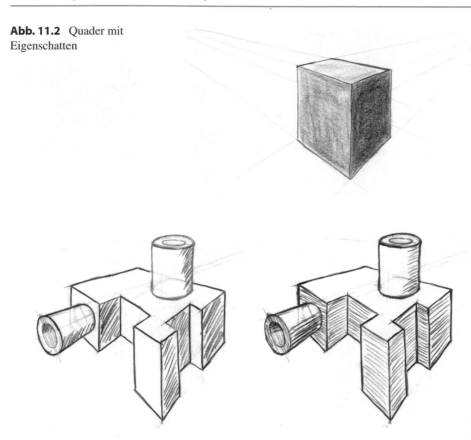

Abb. 11.3 Eigenschatten durch Schraffuren in verschiedenen Richtungen

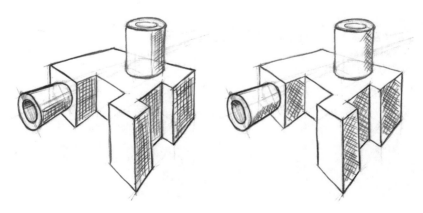

Abb. 11.4 Eigenschatten durch Muster in verschiedenen Richtungen

  Die Abb. 11.7, 11.8, 11.9, 11.10, 11.11, 11.12 und 11.13 zeigen Beispiele mit gefüllt
schattierten Flächen als Eigenschatten. Man nimmt für eine Skizze eine Richtung an, aus
der das Licht kommt. Je nachdem, wie Flächen zum angenommenen Licht stehen, werden

Abb. 11.5 Eigenschatten durch das Füllen von Fläche in verschiedener Helligkeit

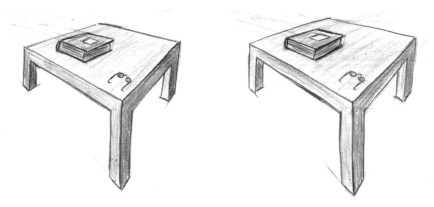

Abb. 11.6 Bei dunkleren Füllfarben können die Linien in der gleichen Farbe, aber dunkler ausgeführt sein (siehe erste Darstellung). Bei helleren Farben ist es empfehlenswert, die Linien in Schwarz auszuführen (siehe zweite Darstellung)

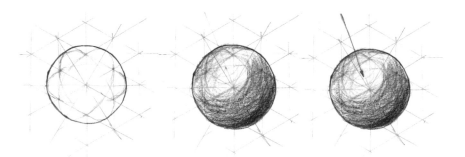

Abb. 11.7 Kugel mit verlaufendem Eigenschatten

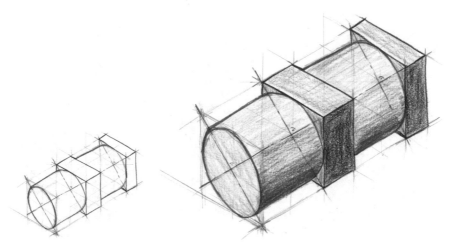

Abb. 11.8   Kombination aus Quader und Zylinder ohne und mit Eigenschatten

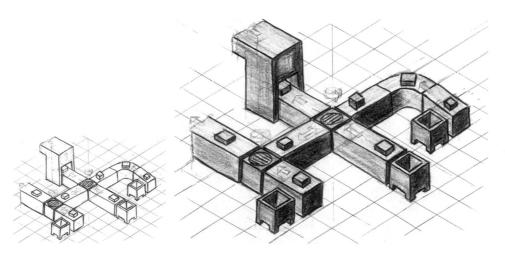

Abb. 11.9   Die Wahrnehmung der Fördertechnik aus dem Kap. 9 „Raum und Objekte" ist mit dem einfachen Anbringen der Eigenschatten wesentlich verbessert

diese in verschiedener Helligkeit gefüllt. Meist reicht eine grobe Abstufung der Schatten-intensitäten. Bei runden Flächen sind die Übergänge zwischen den Stufen verlaufend.

▶   **Tipp** Insbesondere bei isometrischen Darstellungen kann es sinnvoll sein, die wichtigsten Hilfslinien mit einem Lineal vorzuzeichnen oder wie im Beispiel 11.9 eine Vorlage, aus dem Kap. 3 „Werkzeuge, Material und nützliche Hilfsmit-tel" zu verwenden. Die Skizze selbst kann anschließend frei mit der Hand aus-gefertigt werden.

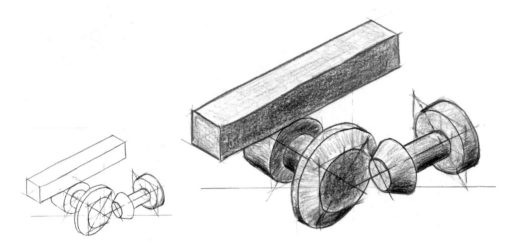

Abb. 11.10 Beispiel Antriebsstrang. Bei Mantelflächen von Kegel ist der Verlauf des Eigenschattens ähnlich jenem bei zylindrischen Flächen

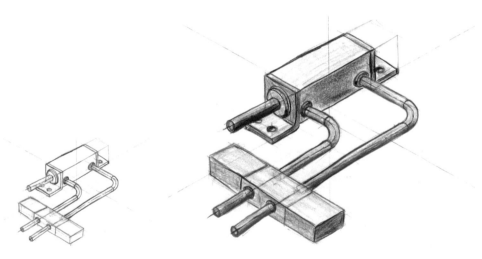

Abb. 11.11 Dieses bereits aus vorherigen Kapiteln bekannte Beispiel aus der Fluidtechnik zeigt auch, dass Eigenschatten und Farben sehr einfache, und effiziente Mittel sind, eine Skizze optisch aufzuwerten, und die Aussage einer Skizze zu unterstützen

Manchmal sind bei der Entstehung einer Skizze relativ viele Hilfslinien erforderlich. Eine Skizze mit vielen Hilfslinien kann unübersichtlich werden. Durch das Füllen der Flächen kommen die wesentlichen Elemente einer Skizze wieder klar in den Vordergrund (s. Abb. 11.12).

Dieses letzte Beispiel zu Eigenschatten eines Labyrinthes zeigt, dass Schattierungen nicht nur eine optische Aufwertung sind, sondern dass diese manchmal für ein schnelles Verständnis einer Skizze sogar beinahe erforderlich sind (s. Abb. 11.13).

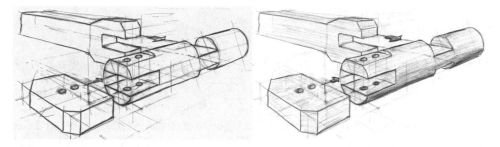

Abb. 11.12 Eigenschatten heben bei Skizzen mit vielen Hilfslinien die wesentlichen Elemente wieder in den Vordergrund. *Anmerkung:* Pfeile, siehe Kap. 15 „Pfeile zum Darstellen von Bewegungen, Kräften, Abläufen usw."

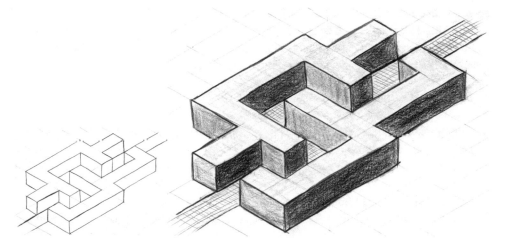

Abb. 11.13   Labyrinth ohne und mit Eigenschatten

11.3   Informationen und Methoden zu Schlagschatten

Ein Schlagschatten wird erzeugt, wenn ein beleuchtetes Objekt einen Schatten auf andere Oberflächen von Körpern oder auf den Boden wirft.

Beim Thema Schlagschatten muss man beim Licht etwas genauer unterscheiden:

- Welches Licht möchte man darstellen? Sonnenlicht, bei dem die Lichtstrahlen durch die große Entfernung der Sonne gewissermaßen parallel sind, oder eine punktuelle, künstliche Lichtquelle?
- Aus welcher Richtung und Höhe nimmt man das Licht an?

Erfahrungsgemäß liefert die Annahme einer Lichtquelle, welche etwas von vorn relativ steil auf das Objekt leuchtet, sehr anschauliche und effektvolle Ergebnisse. Die Entfernung der Lichtquelle wird sehr groß angenommen, sodass die Lichtstrahlen, wie bei der Sonne, parallel dargestellt werden können.

Die Methode den Schlagschatten dieser Lichtquelle darzustellen ist einfach und daher wird in diesem Buch vorwiegend mit dieser Lichtquelle gearbeitet. Vereinfacht wird dieses Licht auch „von ca. 11 Uhr kommend" bezeichnet. In der Abb. 11.14 ist dieses Licht mit einer Lampe künstlich nachgestellt. Man sieht bei den Fotos in dieser Abbildung schon andeutungsweise, wie sich der Schlagschatten von Objekten bei diesem Licht verhält.

Die Abb. 11.15 zeigt ein Kunstobjekt in Ton von Franz Josef Altenburg (geb. 1941), ebenfalls in einem Licht „von ca. 11 Uhr kommend".

Die Abb. 11.15 und 11.16 zeigen die Methode zur Erstellung des Schlagschattens am Boden eines Quaders in Zwei-Punkt-Perspektive bei einem Licht „von ca. 11 Uhr kommend". Die Linien werden wie nachfolgend beschrieben gezogen:

1. Horizontale Hilfslinie am untersten Punkt des Quaders.
2. Schattenlinie im Winkel von ca. 10 bis 15 Grad.
3. Lichtlinie vom oberen Eckpunkt des Quaders im Winkel von ca. 15 bis 20 Grad bezogen auf die Senkrechte.
4. Schattenlinie vom Schnittpunkt der Linien 2 und 3 in Richtung des rechten Fluchtpunktes.
5. Lichtlinie parallel zu Linie 3 vom oberen rechten Punkt des Quaders.
6. Schattenlinie vom Schnittpunkt der Linien 4 und 5 in Richtung des linken Fluchtpunktes.

Abb. 11.14 Die Lichtquelle leuchtet leicht von vorn relativ steil auf die Holzobjekte

Abb. 11.15 Foto mit würfelförmigen Kunstobjekt von Franz Josef Altenburg (geb. 1941), mit Ableitung der Konstruktion des Schlagschattens bei einem Licht „von ca. 11 Uhr kommend", fotografiert 2021

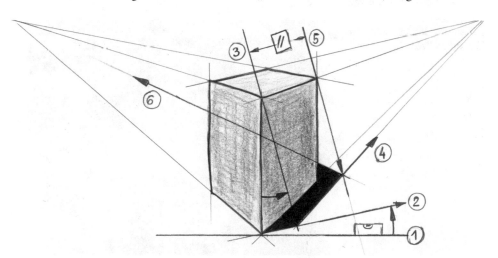

Abb. 11.16 Methode zur Erstellung des Schlagschattens eines Quaders in Zwei-Punkt-Perspektive bei einem Licht, welches relativ steil von oben, etwas von vorn auf das Objekt leuchtet

Nun kann der Schlagschatten am Boden mit einem dunklen Stift gefüllt werden. Der Schlagschatten der Sonne ist in der Regel sehr dunkel. Daher wird der Schlagschatten häufig mit einem schwarzen Filzstift ausgefüllt. Später werden auch noch andere Varianten des Schlagschattens erläutert.

Diese Methode kann auf andere Richtungen und Höhen einer parallelen Lichtquelle und auf andere Objekte übertragen ebenfalls angewendet werden.

Das Sonnenlicht bzw. die Lichtquelle kann aus verschiedenen Höhen und Richtungen kommen. Die Abb. 11.17 a bis d zeigen einige solcher Varianten:

- Ist die Schattenlinie 2 oberhalb der horizontalen Linie 1, dann ist die Lichtquelle vor dem Objekt.
- Ist die Schattenlinie 2 unterhalb der horizontalen Linie 1, dann ist die Lichtquelle hinter dem Objekt.
- Ist die Schattenlinie 2 horizontal und deckt sich mit der Linie 1, dann ist die Lichtquelle genau seitlich vom Objekt.
- Die Neigung der Lichtlinien 3 und 5 stellt die Höhe der Sonne bzw. Lichtquelle dar. Je steiler die Linien sind, desto höher steht die Sonne.

Abb. 11.17 Quader mit Schlagschatten von Lichtquellen, mit parallelen Lichtstrahlen aus verschiedenen Richtungen in verschiedenen Höhen
(**a**) Relativ flaches Licht von rechts vorn
(**b**) Relativ steiles Licht von links hinten
(**c**) Relativ flaches Licht von links hinten
(**d**) Relativ steiles Licht von der linken Seite

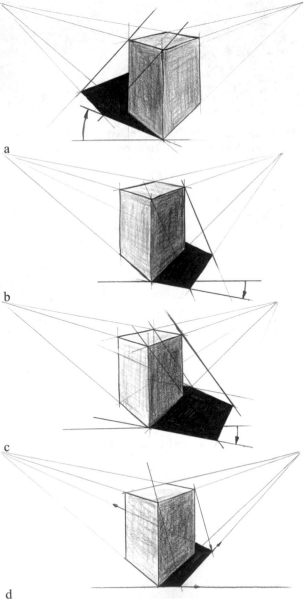

Diese Methode kann auch für isometrische Darstellungen angewendet werden, nur dass die Richtung der Schattenlinien zu den Fluchtpunkten parallel zu den Körperkanten ist. (s. Abb. 11.18).

Nun zu der etwas komplizierteren punktuellen künstlichen Lichtquelle. Dabei muss am Boden ein entsprechender Schatten-Fluchtpunkt definiert bzw. gefunden werden. Die Lichtquelle ist im Beispiel in Abb. 11.19 in der Mitte der Decke des angenommenen Raumes angebracht. Der Schatten-Fluchtpunkt ist also senkrecht darunter in der Mitte des Bodens. Wie in Abb. 11.19 zu sehen ist, verlaufen alle Schlagschatten am Boden in Richtung des Schatten-Fluchtpunktes.

Die Lichtstrahlen kommen nicht parallel, sondern gehen von der punktförmigen Lichtquelle aus.

Abb. 11.18 Erstellung des
Schlagschattens bei
isometrischer Darstellung

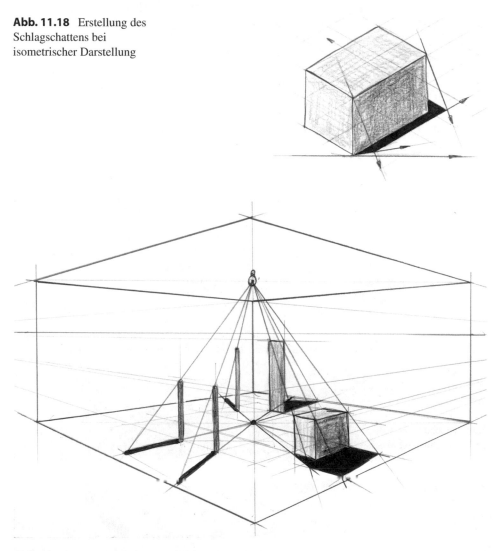

Abb. 11.19 Konstruktion des Schlagschattens am Boden von einer künstlichen punktförmigen Lichtquelle

11.4   Beispiele zu Schlagschatten – eine hilfreiche Bibliothek

Die angeführten Beispiele können bei der schnellen und praktischen Umsetzung von Schatten als Nachschlagewerk unterstützen.

In den Abb. 11.20, 11.21, 11.22, 11.23, 11.24 und 11.25 werden Beispiele gezeigt, bei denen die Objekte direkt am Boden, auf den der Schlagschatten geworfen wird, stehen

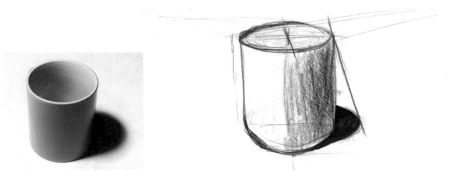

Abb. 11.20   Ein Zylinder steht direkt auf dem Boden und wirft einen Schlagschatten darauf

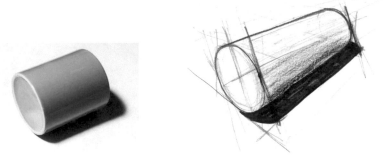

Abb. 11.21   Ein Zylinder liegt direkt auf dem Boden und wirft einen Schlagschatten darauf

Abb. 11.22   Offenes Objekt
mit Schlagschatten auf den
Boden und auf andere
Körperflächen. Die Linie
zwischen zwei Schlagschatten
im Inneren des Objektes wurde
hier mit einem weißen Farbstift
nachgezogen

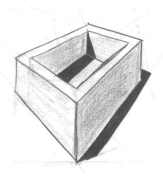

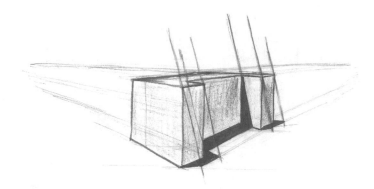

Abb. 11.23 Objekt mit Schlagschatten auf den Boden und auf andere Körperflächen. Die Linie zwischen zwei Schlagschatten ist hier nicht nachgezogen

Abb. 11.24 Anschauungsbeispiele für Schlagschatten am Boden und andere Körperflächen

Abb. 11.25 Objekt aus Zylinder zusammengesetzt von oben, mit Schlagschatten auf Boden und andere Körperflächen

Abb. 11.26 Objekt aus Zylinder zusammengesetzt „schwebend" von unten, mit Schlagschatten auf Körperflächen

oder liegen. Wie bereits oben angeführt, wird nur das Licht mit parallelen Lichtstrahlen „von ca. 11 Uhr kommend" angewendet. Die Beispiele sind in Form von Skizzen und Fotos dargestellt.

Die Abb. 11.22, 11.23, 11.24 und 11.25 zeigen Beispiele, in denen Schlagschatten sowohl auf den Boden als auch auf andere Körperflächen geworfen werden. Linien, bei denen zwei Schlagschatten aufeinandertreffen, können ggf. mit einem weißen Farbstift wieder sichtbar gemacht werden (s. Abb. 11.22).

Die Abb. 11.25 und 11.26 zeigen aus Zylinder zusammengesetzte Objekte mit Schlagschatten.

In den Abb. 11.27, 11.28, 11.29 und 11.30 werden Beispiele gezeigt, bei denen die Objekte einen Abstand zum Boden, auf den der Schlagschatten geworfen wird, haben. Die Methode ist im Grund analog zu der bereits gezeigten, nur dass es im Eckbereich hinten links noch einen weiteren Schnittpunkt gibt (s. Abb. 11.27).

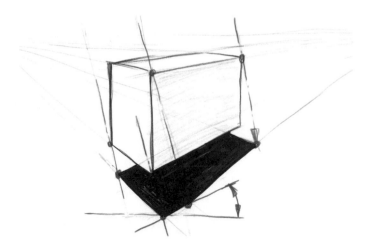

Abb. 11.27   Quader mit Abstand zum Boden auf den der Schlagschatten geworfen wird

Abb. 11.28   Kubisch zusammengesetztes Objekt mit Abstand zum Boden, auf den der Schlagschatten geworfen wird, ohne und mit Trennlinie bei zusammenfallenden Schlagschatten

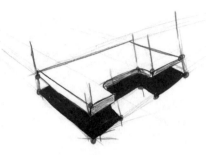

Abb. 11.29   Flaches Objekt mit Abstand zu Boden, auf den der Schlagschatten geworfen wird

Abb. 11.30 Zylinder mit
Abstand zu Boden, auf den der
Schlagschatten geworfen wird

11.5   Beispiele mit verschiedenen Ausführungen von Schatten

Die Abb. 11.31, 11.32, 11.33, 11.34, 11.35 und 11.36 zeigen Vergleiche zwischen verschiedenen Ausführungen von Schatten allgemein. Machen Sie sich selbst ein Bild, und
entscheiden Sie in Skizzen, wie Sie Schattierungen situationsbedingt ausführen wollen.

An dem, in den Abb. 11.31 und 11.32 dargestellten, Beispiel ist besonders gut zu sehen,
dass Schattierungen Wesentliches für das Verständnis von einem Objekt beitragen. Ein Eigenschatten ist, wie bereits angeführt, immer zu empfehlen. Die Form des Eigenschattens
kann sehr verschieden sein und hängt von der Situation und vom persönlichen Geschmack
ab. Der Charakter einer Skizze wird auf jeden Fall wesentlich davon beeinflusst.

Wenn, wie im Beispiel in Abb. 11.35, durch den Schlagschatten wesentliche Elemente
„verschluckt werden", kann es sinnvoll sein, den Schlagschatten mit einem Copic-Stift
(hier im Farbton C5) transparent auszuführen. Siehe dazu im Kap. 3 „Werkzeuge, Material
und nützliche Hilfsmittel".

Objekte vorzugsweise so orientieren, dass eher wichtige und interessante Elemente
auf der „Sonnenseite", also dem Licht zugewandt sind (s. Abb. 11.36).

Ggf. kann auch, wie in Abb. 11.17 dargestellt, das Licht entsprechend angepasst werden.
Je dunkler ein Schlagschatten dargestellt wird, desto heller ist das zugehörige Licht.

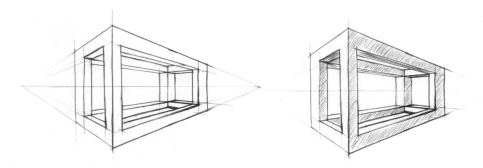

Abb. 11.31 Das Beispiel aus dem Kap. 5 „Würfel, Quader und Objekte aus kubischen Elementen" in Varianten ohne Schatten und mit Eigenschatten in Form von Schraffur

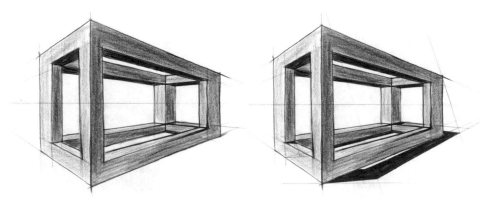

Abb. 11.32 Das Beispiel aus dem Kap. 5 „Würfel, Quader und Objekte aus kubischen Elementen", in Varianten nur mit Eigenschatten und mit Eigen- und Schlagschatten am Boden

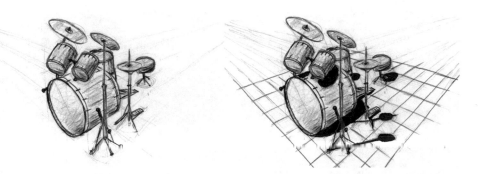

Abb. 11.33 Schlagzeug in Varianten nur mit Eigenschatten und mit Eigen- und Schlagschatten. Die Wirkung der Skizze wird durch die Einbindung des Bodens zusätzlich verbessert

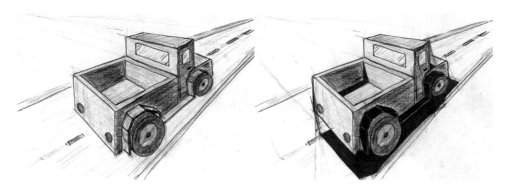

Abb. 11.34 Lastauto in Varianten nur mit Eigenschatten und mit Eigen- und Schlagschatten. Wenn Schlagschatten ineinander gehen, ist es wichtig, relevante Konturen in diesem Bereich z. B. mit einem weißen Stift hervorzuheben. Es würden durch eine durchgehend schwarze Fläche wichtige Informationen verloren gehen

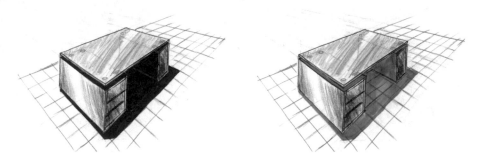

Abb. 11.35 Schreibtisch mit verschiedenen Schlagschatten-Varianten

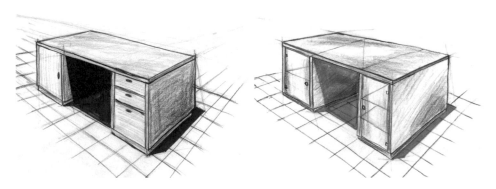

Abb. 11.36 Schreibtisch mit verschiedenen Schlagschatten-Varianten so orientiert, dass wichtige Elemente dem Licht zugewandt sind. Schon ein kleiner Vorgeschmack auf den Abschn. 21.3 „Oberflächen u. Texturen in Verb. m. verschiedenen Schatten"

11.6   Der Schlagschatten hinter Glaselementen

Wie im Kap. 6 „Methodische Arbeitsweise allgemein, mit nützlichen Tipps" angeführt, wird das Beispiel eines Schrankes mit Glastüren „genauer beleuchtet". Abb. 11.37 zeigt dieses Beispiel mit und ohne Schlagschatten am Boden. In Abb. 11.38 werden auch die Schlagschatten im Inneren des Schrankes dargestellt.

▶   **Tipp** Vor dem Anbringen der Schlagschatten ggf. eine Sicherheitskopie machen.

Die Herausforderung beim Anbringen der Schlagschatten im inneren Bereich, liegt hier darin, dass der transparente Charakter erhalten bleibt, und dabei interessante Details nicht von Schatten überdeckt werden. Dazu wird bei diesem Beispiel empfohlen, Schlagschatten mit grauem Copic-Stift auszuführen.

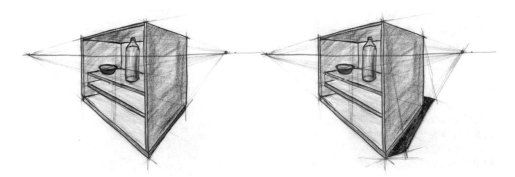

Abb. 11.37 Glasschrank ohne und mit Schlagschatten am Boden

Abb. 11.38 Glasschrank mit
Eigen- und Schlagschatten an
dem mit dargestelltem Boden
und im Inneren des Schrankes,
mit grauem Copic-Stift C4

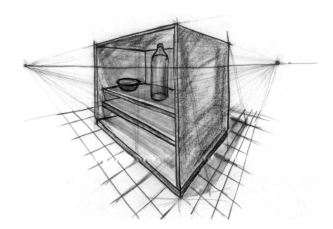

Für das Weiterarbeiten mit Varianten eignet sich Durchpausen ausgezeichnet. Siehe dazu auch Abschn. 20.2 „Mit Skizzen effizient Varianten visualisieren und vergleichen".

In den Abb. 11.39 und 11.40 wird, als Fortsetzung von Kap. 6 „Methodische Arbeitsweise allgemein, mit nützlichen Tipps", ein kurzer Arbeitsablauf für das Erstellen von Farb- und Schattenvarianten beschrieben:

Abb. 11.39 Es kann direkt von einer vorherigen Version durchgepaust werden. Die Flächen und Eigenschatten können in den gewünschten Farben gefüllt werden

Abb. 11.40 Glasschrank mit Schlagschatten im Inneren in verschiedenen Intensitäten
(**a**) Schlagschatten im Inneren mit Copic-Stift C4
(**b**) Schlagschatten im Inneren mit Copic-Stift C2

a

b

Nun können die Schlagschatten angebracht werden. Mit der Intensität der Schlagschatten kann insbesondere im Inneren variiert werden, siehe Abb. 11.40. Bei der Variante a) mit Copic-Stift C4 wirkt der Schlagschatten im Inneren relativ dominant. In der Variante b) mit Copic-Stift C2 hingegen unterstützt der Schlagschatten die gewünschte Aussage, dass Objekte im Schrank durch das einfallende Licht zur Wirkung kommen.

Für weitere Varianten ggf. den Vorgang mit Durchpausen wiederholen. Man sieht bei diesem Beispiel gut, dass durch feine Nuancen in der Schattierung die Wirkung und die Aussage einer Skizze relativ stark beeinflusst werden können.

11.7   Zusammenfassung und Übungsempfehlungen zu Schatten.

Schatten können für verschiedenste Objekte in verschiedensten Varianten erstellt werden. Wie schon am Beginn dieses Kapitels angeführt, sind Eigenschatten eigentlich immer zu empfehlen. Auch wenn diese nur sehr rudimentär dargestellt werden. Eigenschatten werten eine Skizze mit wenig Aufwand auf.

Schlagschatten auf den Boden oder andere Körper sind aufwendiger und dominieren manchmal eine Skizze sehr. Anderseits wirken Skizzen mit Schlagschatten noch plastischer, und sind daher in Präsentationsskizzen ein feines Mittel Betrachter zu begeistern. Wie schon angeführt, ist es bei umfangreicheren Skizzen empfehlenswert, vor dem Anbringen von Schlagschatten eine Sicherungskopie zu erstellen.

Es bereichert das Spektrum beim Skizzieren sehr, wenn man auch Schlagschatten beherrscht. Schlagschatten können z. B. auf Basis der Beispiele in diesem Kapitel auch, ohne diese exakt herzuleiten, nach Gefühl angebracht werden. Dabei ist etwas Übung sehr hilfreich.

Anregungen für das Üben von Schatten
- Skizzieren Sie Objekte mit Eigenschatten.
- Skizzieren Sie Objekte mit Eigenschatten und Schlagschatten am Boden, wenn diese direkt am Boden stehen oder liegen.
- Skizzieren Sie Objekte mit Eigenschatten und Schlagschatten mit Abstand zum Boden.
- Skizzieren Sie Objekte mit Schlagschatten auf den Boden und andere Objektflächen.

Geometrisch kritische und heikle Situationen schlüssig darstellen

12

Manchmal sieht man eine Skizze oder Zeichnung, und man hat das Gefühl, dass etwas nicht passt. Da das Gehirn von gewissen Objekten und Situationen schon fixe Vorstellungen gespeichert hat, werden Abweichungen davon schnell bewusst oder unbewusst wahrgenommen. In diesem Kapitel wird auf derartige Situationen hingewiesen, und es werden Lösungen dazu vorgeschlagen.

12.1 Allgemeines und Beispiele zu kritischen Bereichen

Wie bereits im Kap. 1 „Skizzieren ist mehr" beschrieben, ist das Skizzieren durch die Wechselwirkung von Tun und Sehen ein besonderer kreativer Prozess.

> Es ist wichtig, dass man während des Skizzierens immer wieder auf die Skizze blickt, und prüft, dass der Gesamteindruck der Skizze schlüssig ist.

Es gibt einige geometrisch heikle Situationen, in welchen durch an sich kleine „Fehler" der Eindruck einer gesamten Darstellung negativ beeinflusst wird.

Flache, lange und eng zusammenlaufende Linien
Kritische Bereiche sind erfahrungsgemäß u. a. sehr flache, lange und eng zusammenlaufende Linien (s. Abb. 12.1). Beim Ziehen dieser Linien, z. B. nahe am Horizont, ist ein Lineal in entsprechender Länge hilfreich.

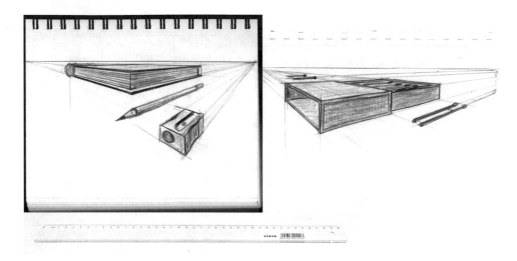

Abb. 12.1 Bei sehr langen, flach zusammenlaufenden Linien ist ein Lineal hilfreich. Beispiele skizziert in einem Skizzenbuch (s. Abschn. 3.2.2 „Optionen zu Materialien und Anmerkungen zu Farben")

Abb. 12.2 Kubischer Körper mit vielen parallelen Konturen, skizziert auf einer Vorlage, mit vorgezeichneten Hilfslinien als Unterstützung. An den Linien der Vorlage, welche leicht sichtbar sind, kann man sich beim Skizzieren orientieren, damit die Linien auch parallel gelingen

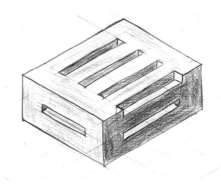

Grundsätzlich ist natürlich ein freihändiges Skizzieren anzustreben, aber wenn es der Sache dient, sollte man sich nicht scheuen, Werkzeuge, wie Zirkel, Schablonen, Lineale, Vorlagen, Unterlagen usw. zur Hand zu nehmen. Siehe dazu auch Kap. 3 „Werkzeuge, Material und nützliche Hilfsmittel". So weit möglich sollten die finalen Linien mit der Hand nachgezogen werden. Dadurch bleibt der Charakter einer Handskizze erhalten.

Parallele, vertikale und horizontale Linien
Sehr sensibel reagiert unsere Wahrnehmung auch auf die Parallelität von Linien, welche naturgemäß häufig in Parallelperspektiven vorkommen. (s. Abb. 12.2 und 12.3).

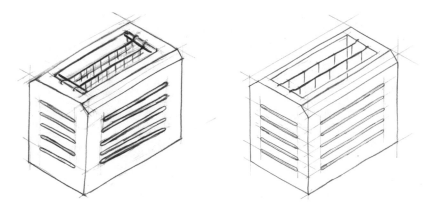

Abb. 12.3 Vereinfachte Skizze von einem Toaster mit Lüftungsschlitzen. In der ersten Darstellung dieser Abbildung sieht man, dass unsere Wahrnehmung relativ wenig verzeiht. Man erkennt z. B., dass der vordere untere Lüftungsschlitz nicht parallel und nicht in der richtigen Teilung skizziert ist. Des Weiteren ist die vordere vertikale Kante nicht exakt parallel zu den anderen vertikalen Kanten. Wenn man Unstimmigkeiten erkennt und als störend empfindet, kein Problem. Einfach ausreichend durchscheinendes Papier darüberlegen und neu durchpausen. Dabei für die kritischen Bereiche entsprechende Hilfsmittel verwenden

12.2   Teilungen und Muster

12.2.1 Begriffe und Allgemeines zu Teilung und Muster

Teilungen und Muster gehören auch zu jenen Objekten, welche durch unser Auge bzw. unser Gehirn schnell entlarvt werden (s. z. B. Abb. 12.3). Da regelmäßige Wiederholungen relativ häufig vorkommen, ist diesem Thema ein eigenes Kapitel gewidmet. Die Isometrie und die Zwei-Punkt-Perspektive verhalten sich dabei etwas unterschiedlich, daher werden diese getrennt behandelt.

Die Begriffe werden hier folgendermaßen verwendet:

Teilung
Bei einer Teilung (oder auch Unterteilung) ist die gesamte Länge oder Fläche bereits bekannt, und diese wird mehrfach unterteilt. Also halbiert, geviertelt, geachtelt usw.

Muster
Bei Muster (oder auch Wiederholungen) ist der erste Abstand der Geometrie bekannt, und dieser kann dann weiter gemustert (wiederholt) werden.

Der Begriff „Muster" wird auch in CAD-Programmen in diesem Sinn verwendet.

Abb. 12.4 Objekte mit regelmäßigen Wiederholungen in isometrischer Perspektive. Bei den Darstellungen mit sichtbaren Hilfslinien wurde eine Vorlage verwendet. Bei der letzten Darstellung dieser Abbildung wurde eine Unterlage mit den Hilfslinien, sozusagen als Linienspiegel, unter das durchscheinende Papier gelegt. Siehe dazu auch Kap. 3 „Werkzeuge, Material und nützliche Hilfsmittel"

12.2.2 Muster und Teilungen in der Isometrie

In isometrischen Parallelperspektiven können Geometrien in alle Richtungen direkt geteilt, gemustert und beliebig in alle Richtungen erweitert werden (s. Abb. 12.4).

12.2.3 Lineare Teilungen und Muster in Zwei-Punkt-Perspektive

Durch die Verzerrung in der Zwei-Punkt-Perspektive sind regelmäßige Wiederholungen vertikal und horizontal differenziert zu behandeln.

Vertikale Teilungen und Muster
Vertikal können in der Zwei-Punkt-Perspektive Teilungen und Muster direkt gleichmäßig dargestellt werden (s. Abb. 12.5).

Horizontalen Teilungen und Muster in die Richtung der Fluchtpunkte
Bei horizontalen Teilungen und Mustern in die Richtung der Fluchtpunkte ergibt sich in der Zwei-Punkt-Perspektive eine Verkürzung der Abstände. Es gibt verschiedene Möglichkeiten, diese Verkürzung schlüssig darzustellen. Hier werden einfache Methoden vorgestellt, welche auf Basis von geteilten Rechtecken aufgebaut sind.

Abb. 12.5. Vertikal
regelmäßig angeordnete
Regalfächer in Zwei-Punkt-
Perspektive

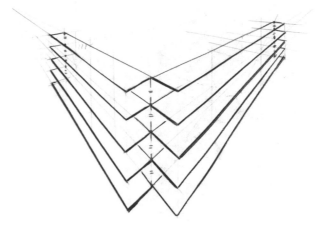

Teilungen in Richtung der Fluchtpunkte

Wie oben angeführt, ist bei einer Teilung die Gesamtlänge bekannt, und diese Länge wird
in gleiche Abstände unterteilt. Optisch verkürzen sich die Teillängen in Richtung der
Fluchtpunkte. In Abb. 12.6 wird eine Methode für das Unterteilen in Richtung der Fluchtpunkte mithilfe von Rechtecken dargestellt und erklärt.

Bei dieser Methode wird für das Teilen der Strecke eine rechteckige Fläche benötigt,
welche auch als Orientierung für die spätere Geometrie verwendet werden kann. Die Hal-
bierung einer Fläche erfolgt mit Hilfe derer Diagonalen. Erst wird die Gesamtfläche halbiert und anschließend werden die Teilflächen halbiert. Dieser Vorgang wird, je nachdem
wie oft geteilt werden muss, entsprechend wiederholt. Durch die Schnittpunkte der Diagonalen können jeweils vertikale Linien gezeichnet, und damit die Folge-Rechtecke und die
Teilung der Linien ermittelt werden. Basierend auf dieser Grundkonstruktion können in
weiterer Folge verschiedene Geometrien skizziert werden.

Muster

Für die Konstruktion eines Musters mit Wiederholungen entlang einer Fluchtlinie wird
sinngemäß die gleiche Methode wie bei Unterteilungen angewendet. Nur in dem Sinn umgekehrt, dass die immer kürzer werdenden Rechtecke anhand der Diagonalen entstehen.
Diese einfache Arbeitsweise wird anhand eines Beispiels in den Abb. 12.7, 12.8 und 12.9
Schritt für Schritt dargestellt und erläutert.

Auch bei der Methode für das Mustern wird eine Fläche benötigt, welche für die spätere Geometrie als Orientierung dienen kann. Die Ausgangssituation ist bei diesem Beispiel ein stehendes Rechteck, welches in Richtung des rechten Fluchtpunktes gemustert
werden soll. Durch die Mitte des Rechteckes, welche durch die Diagonalen ermittelt wird,
wird eine Fluchtlinie zum rechten Fluchtpunkt gezogen (s. Abb. 12.7).

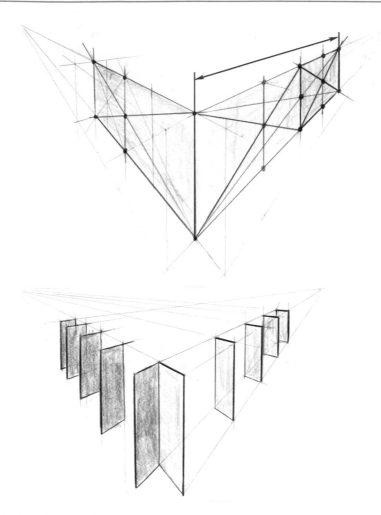

Abb. 12.6 Teilen einer Strecke mit Verkürzung in Richtung der Fluchtpunkte

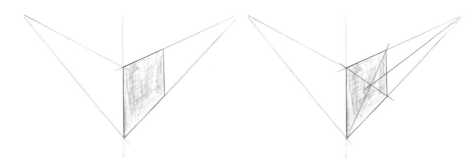

Abb. 12.7 Stehendes Rechteck, welches in Richtung des rechten Fluchtpunktes gemustert werden soll. Durch die Mitte des Rechteckes, welche durch die Diagonalen ermittelt wird, wird eine Fluchtlinie zum rechten Fluchtpunkt gezogen

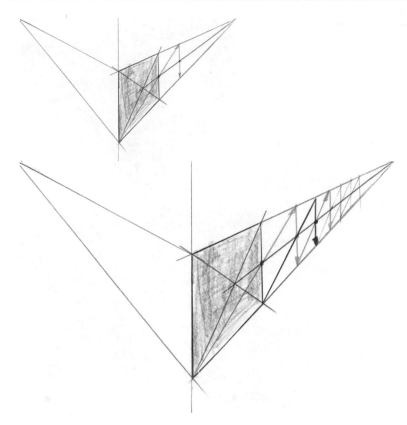

Abb. 12.8 Linie vom linken unteren Eckpunkt durch den Schnittpunkt dieser Fluchtlinie und der ersten vertikalen Linie. Vom Schnittpunkt dieser Linie mit der oberen Fluchtlinie kann die nächste vertikale Linie gezogen werden

Anschließend wird vom linken unteren Eckpunkt eine Linie durch den Schnittpunkt dieser Fluchtlinie und der ersten vertikalen Linie gezeichnet. Vom Schnittpunkt dieser Linie mit der oberen Fluchtlinie kann die nächste vertikale Linie gezogen werden. Dieser Vorgang kann nun für jede weitere vertikale Linie wiederholt werden (s. Abb. 12.8).

An die Grundkonstruktion der Musterung können durch Durchpausen oder Kopieren verschiedene Skizzen aufgebaut werden (s. Abb. 12.9).

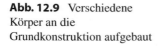

Abb. 12.9 Verschiedene
Körper an die
Grundkonstruktion aufgebaut

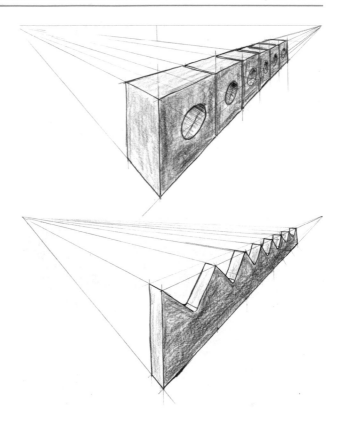

12.2.4 Flächen in der Zwei-Punkt-Perspektive teilen

Stehende Fläche vertikal und horizontal geteilt

Muss eine stehende Fläche vertikal und horizontal geteilt werden, kann man einfach die Methoden vom linearen Teilen kombinieren. Die Verzerrung der Flächen durch die Zwei-Punkt-Perspektive ist in den Abb. 12.10 und 12.11 gut erkennbar. Die Seitenverhältnisse der Teilflächen sind über die gesamte Fläche nicht gleich.

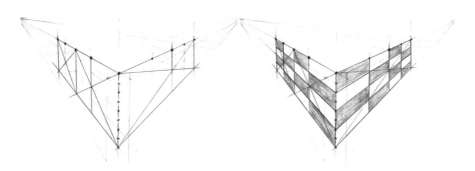

Abb. 12.10   Stehende Fläche in einer Zwei-Punkt-Perspektive vertikal und horizontal geteilt

Abb. 12.11 Regal in
Zweipunktperspektive,
basierend geteilte Flächen

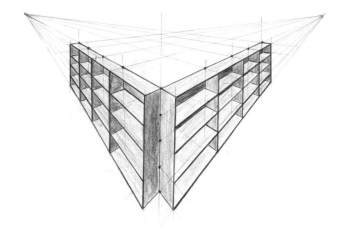

Abb. 12.12 Durch die Wahl
der Fluchtpunkte kann die
Verzerrung gesteuert werden

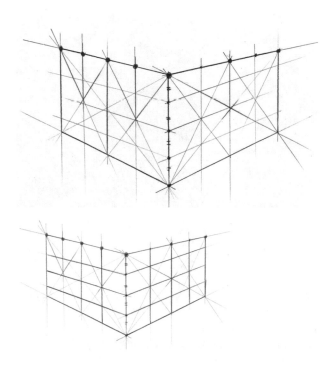

Wenn, wie in Abb. 12.12 dargestellt, die beiden Fluchtpunkt weiter nach außen gesetzt
werden, ergibt sich weniger Verzerrung. Wenn die Verzerrung als störende empfunden
wird, kann ggf. eine isometrische Darstellung in Erwägung gezogen werden.

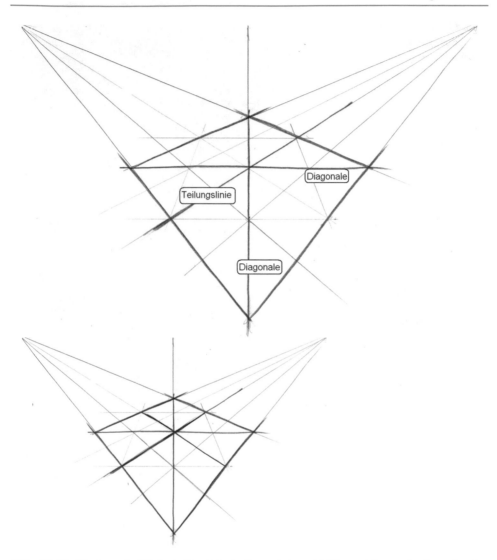

Abb. 12.13 Horizontale Fläche in Zwei-Punkt-Perspektive mithilfe von Diagonalen in geviertelt

Horizontale Flächen teilen

Horizontale Flächen können, wie in Abb. 12.13 dargestellt, durch die Diagonalen in beide Achsrichtungen geteilt werden.

Abb. 12.14 zeigt, dass diese Methode für weitere Teilflächen gleich angewendet werden kann.

Durch die Verzerrung wirken die horizontalen Flächen in der Zwei-Punkt-Perspektive optisch nicht gleich groß. Dieser Effekt wird verringert, je weiter man die Fluchtpunkte nach außen setzt (s. Abb. 12.15 und 12.16).

Abb. 12.14 Horizontale
Fläche in Zwei-Punkt-
Perspektive mithilfe von
Diagonalen in 16 gleiche
Teilflächen unterteilt

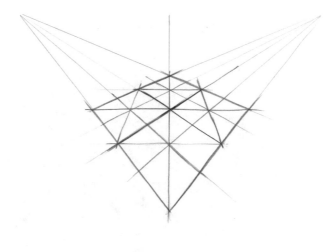

Abb. 12.15 Durch die weiter
außen liegenden Fluchtpunkte
sind die Teilflächen weniger
verzerrt und der optische
Größenunterschied ist geringer

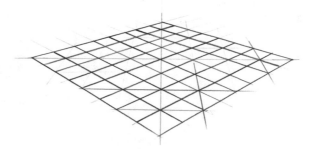

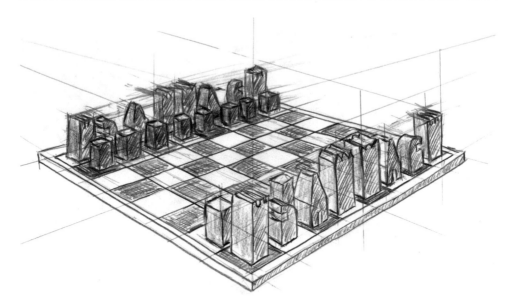

Abb. 12.16 Das Schachbrett ist ein Klassiker für eine Teilung in 64 Teilflächen

Abb. 12.17 Kubischer Körper
in Zwei-Punkt-Perspektive mit
zusammenpassend geteilten
Flächen in allen drei
Dimensionen

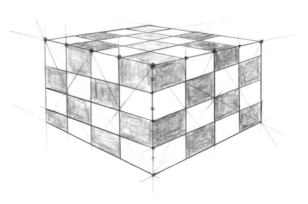

Flächen in alle drei Dimensionen zusammenpassend geteilt

Wenn in einer Zwei-Punkt-Perspektive Flächen in allen drei Dimensionen zusammenpassend geteilt werden muss, ist es sinnvoll, sich bei der dritten Fläche an den anderen beiden Flächen zu orientieren (s. Abb. 12.17).

12.2.5 Winkelteilung an kreisrunden Objekten

Winkelteilungen gehören wie die linearen Muster und Teilungen zu den Elementen, wo
Unregelmäßigkeiten schnell erkannt werden.

Winkelteilungen in der Isometrie
Nachfolgend wird eine Methode vorgestellt, mit der in isometrischen Darstellungen in
allen drei Richtungen der Hauptachsen die Teilung in der Perspektive ermittelt werden
kann (s. Abb. 12.18).

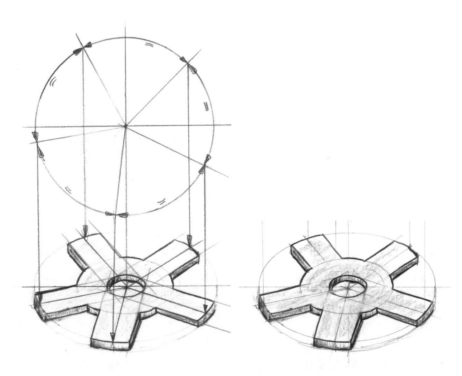

Abb. 12.18 Rotationsmesser mit fünf Schlagkörpern in isometrischer Darstellung. Die Breite der
Messer, welche sich durch die Verkürzung der Perspektive und der Lage in der Teilung ergibt, kann
durch eine Ellipse für jedes Messer ermittelt werden. Bei diesem Beispiel entspricht diese Ellipse
der mittleren Bohrung

Abb. 12.19 Stehender Rotationskörper in Zwei-Punkt-Perspektive mit 8-fach geteilten Zylinder. Die Methode liefert trotz der relativ stark gewählten Verzerrung ein ausreichendes Ergebnis

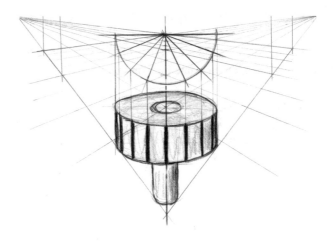

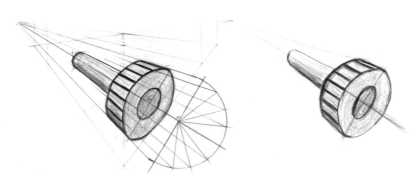

Abb. 12.20 Liegender Rotationskörper in Zwei-Punkt-Perspektive mit 16-fach geteilten Zylinder. Durch die relativ starke Verzerrung die Teilung ggf. nach Gefühl nachjustieren. Die zweite Variante wurde hier mittels Durchpausen erzeugt

Dabei wird ein Kreis, an dem die Teilung dargestellt werden kann, in die Zeichenebene projiziert. An diesem Kreis kann die Teilung verzerrungsfrei gezeichnet werden. Anschließend wird diese auf die entsprechende Ellipse der Perspektive übertragen.

Winkelteilungen in der Zwei-Punkt-Perspektive
In der Zwei-Punkt-Perspektive liefert diese Methode aufgrund der Verzerrungen nur angenäherte Ergebnisse, welche in der Regel aber ausreichend sind. Wobei die Ergebnisse bei horizontalen Ellipsen genauer sind (s. z. B. Abb. 12.19).

Verlaufen die Fluchtlinien des zu teilenden Zylinders zu einem der Fluchtpunkte, neigt diese Methode, je nach Verzerrung, die Teilung in der Perspektive zu gleichmäßig darzustellen. Daher ggf. nach Gefühl nachjustieren. Oder von vornherein die Teilung schätzen. Was meist ausreichende Ergebnisse liefert (Abb. 12.20).

12.2.6 Zusammenfassung und Übungen zu Teilungen und Muster

In diesem Abschn. 12.2 „Teilungen und Muster" wurden einige konstruktive Methoden vorgestellt, welche in vielen Situationen hilfreich sind.

> Ziel ist jedoch nicht, Skizzen exakt zu „konstruieren". Ziel ist es vielmehr, dass eine Skizze ausreichend richtig ist, damit diese schlüssig aussieht und die gewünschte Aussage und Wirkung vermittelt.

Daher ist beim Thema Teilungen und Muster eine gewisse Übung hilfreich, damit man im konkreten Fall ein Gefühl dafür hat. In Abb. 12.21 werden nur einige Beispiele als Anregung für Übungen gezeigt. Beispiele dazu finden sich in der Technik und im Alltag vielfach.

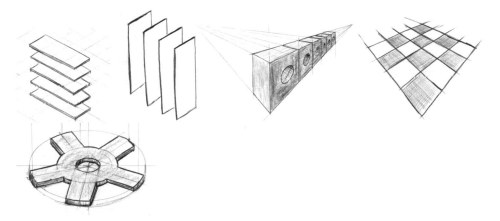

Abb. 12.21 Anregungen für das Üben von Teilungen und Muster

12.3   Kreise und Ellipsen schlüssig darstellen

Das Auge bzw. das Gehirn ist beim Kreis sehr empfindlich, da es eine genaue Vorstellung von einem Kreis hat.

▶   **Tipp**   Wenn ein Kreis richtig, aber auch skizziert wirken soll, kann man den Kreis mit dem Zirkel vorzeichnen, und mit der Hand nachziehen (s. Abb. 12.22).

Wie bereits im Abschn. 7.2.1 „Ellipsen, Zylinder und Drehkörper in Isometrie" angeführt, kann es auch bei Ellipsen sinnvoll sein, diese mit Schablonen vorzuzeichnen und mit der Hand nachzuziehen. Insbesondere für Skizzen in isometrischer Perspektive gibt es spezielle Schablonen im Verhältnis 1:1,7 (s. Abb. 12.23).

Abb. 12.23   Riementrieb mit Spannscheibe in isometrischer Darstellung, mit Schablone vorgezeichnet und mit der Hand nachgezogen. Siehe auch Abschn. 3.2.2 „Optionen zu Materialien und Anmerkungen zu Farben"

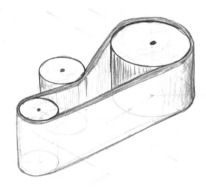

Abb. 12.22   Kreis mit Zirkel vorgezeichnet und mit der Hand nachgezogen

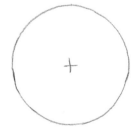

12.4   Übergänge zw. Kubus u. Zylinder in Zwei-Punkt-Perspektive

12.4.1 Beispiel mit kritischen kontrollierbaren Übergängen

Wie schon mehrfach angeführt, ist die Zwei-Punkt-Perspektive eine hervorragende Darstellungsform, mit der effizient ansprechende Skizzen erstellt werden können. Bei geometrisch kritischen und kontrollierbaren Stellen stößt man in Skizzen mit zwei Fluchtpunkten
jedoch unter Umständen an Grenzen, Objekte schlüssig darstellen zu können. In den
Abb. 12.24, 12.25, 12.26, 12.27 und 12.28 werden anhand eines Beispiels Themen dazu
analysiert. Siehe dazu die jeweiligen Bildunterschriften.

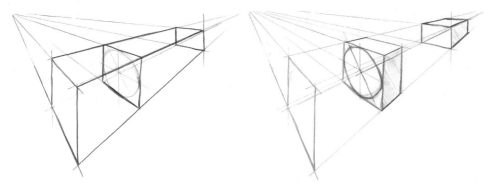

Abb. 12.24 Das erste mittlere Quadrat kann, mit der Methode aus dem Abschn. 7.2.4 „Liegende
Zylinder und Drehkörper in Zwei-Punkt-Perspektive", einfach hergeleitet werden. Wenn man nun
die Eckpunkte des Quadrates nach hinten und nach vorn zieht, sind die Verzerrungen schon eindeutig erkennbar

Abb. 12.25 Durch die starke
Verzerrung stehen die
Tangentenpunkte mit den
Achsen der Ellipsen im
Widerspruch

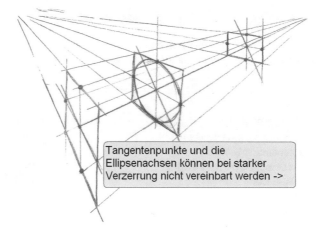

Tangentenpunkte und die
Ellipsenachsen können bei starker
Verzerrung nicht vereinbart werden ->

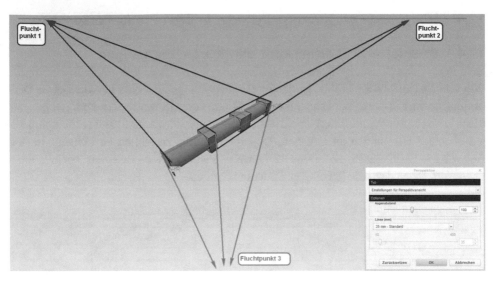

Abb. 12.26 Wie in der perspektivischen CAD-Darstellung erkennbar ist, liefert eine Drei-Punkt-Perspektive eine geometrisch richtige Darstellung

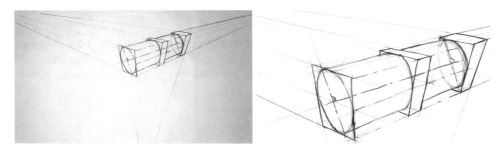

Abb. 12.27 Eine geometrisch richtige Drei-Punkt-Perspektive kann auch skizziert werden (s. auch Abschn. 2.7 „Perspektive mit drei Fluchtpunkten – Drei-Punkt-Perspektive")

Abb. 12.28 Zum Vergleich eine Zwei-Punkt-Perspektive mit geometrischen Kaschierungen (Arbeitsschritte für diese Darstellung siehe Abb. 12.33)

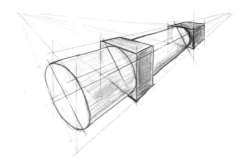

Man sieht in den Abb. 12.27 und 12.28, dass es sehr unterschiedliche Möglichkeiten gibt, das gleiche Objekt darzustellen. Im nächsten Kapitel werden Lösungsmöglichkeiten empfohlen.

Anmerkung Für dieses Beispiel wurden die Fluchtpunkte relativ eng gewählt, damit die Effekte deutlich erkennbar sind.

12.4.2 Lösungsvorschläge für geometrisch kritische Bereiche

Basierend auf dem im vorherigen Kapitel analysierten Beispiel, welche allgemeinen Tipps und Lösungsvorschläge können abgeleitet werden, wenn Geometrien in der Zwei-Punkt-Perspektive nicht korrekt dargestellt werden können?

Beim Skizzieren steht nicht, wie in der darstellenden Geometrie, die korrekte Darstellung im Vordergrund, sondern vielmehr die Aussage und Wirkung. In bestimmten Situationen kann es sinnvoll sein, eine Skizze so anzupassen, dass sie optisch überzeugend wirkt, selbst wenn die geometrische Darstellung nicht exakt ist.

2D-Skizzen
In vielen Fällen sind 2D-Skizzen eine einfache Möglichkeit, geometrisch kritische Stellen zu beschreiben. Wie in Abb. 12.29 zu sehen ist, beschreiben bei diesem Beispiel die drei Ansichten das Objekt nicht eindeutig.

Isometrie
Eine weitere Möglichkeit bei Skizzen von Objekten mit geometrisch kritischen Bereichen ist eine isometrische Perspektive. Insbesondere, wenn es für die Aussage der Skizze wichtig ist, dass kritische Bereiche möglichst richtig und anschaulich dargestellt werden (s. Abb. 12.30).

Abb. 12.29 2D-Skizzen mit drei Ansichten

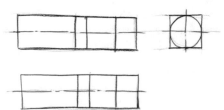

Abb. 12.30 Isometrischen
Darstellung

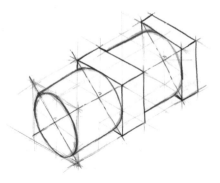

Abb. 12.31 Zwei-Punkt-
Perspektive mit größerem
Fluchtpunktabstand. Dadurch
ergibt sich weniger Verzerrung
und die geometrischen
Ungenauigkeiten
werden kleiner

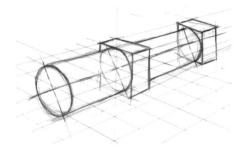

Zwei-Punkt-Perspektive mit wenig Verzerrung

Wenn man sich für eine Zwei-Punkt-Perspektive entscheidet, ist es empfehlenswert, die Fluchtpunkte weiter nach außen zu legen, und damit die Verzerrungen zu verringern (s. Abb. 12.31).

Kritische Bereiche „entschärfen"

Allgemein ist es natürlich gut, wenn man die kontrollierbaren Bereiche entschärfen oder umgehen kann. In der in Abb. 12.32 dargestellten Variante sind in den kritischen Bereichen Abstände zwischen den Linien des Zylinders und des Quaders.

Abb. 12.32 Zwei-Punkt-
Perspektive durch Abstände
der kritischen Geometrien
etwas abgeändert. Dadurch
werden die kritischen Bereiche
anders wahrgenommen

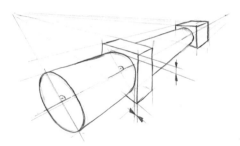

Abb. 12.33 Zwei-Punkt-
Perspektive mit geometrisch
nicht exakter, aber
wirkungsvoller Darstellung

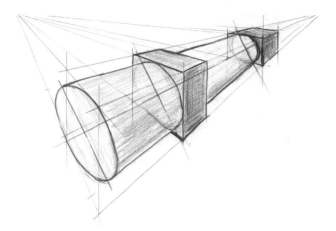

Beim Skizzieren muss man auch Mut zum Vereinfachen und Kaschieren haben

Empfohlene Arbeitsschritte für die Lösungsvariante in Abb. 12.33 in Zwei-Punkt-Perspektive:

- Den Horizont und die Fluchtpunkte festlegen.
- Das mittlere Quadrat mit der Ellipse skizzieren, und dabei die Mittelachse in Richtung des rechten Fluchtpunktes definieren
- Die Tangenten an die mittlere Ellipse nach vorn und hinten in Richtung des rechten Fluchtpunktes ziehen.
- Auf Basis der Mittellinie und der Tangenten können weitere Ellipsen an den gewünschten Positionen skizziert werden. Das Verhältnis der Ellipsenachsen kann dabei geschätzt werden.
- Körperkanten entsprechend nachziehen und ggf. Schattierungen anbringen.

Fazit

Welche Lösung dann am Ende die geeignetste ist, hängt von vielen Faktoren ab.

Generell ist es wichtig, die Skizze, besonders in Bereichen mit geometrisch kritischen Bereichen und Übergängen, beim Skizzieren laufend zu betrachten. Wie schon angeführt, erkennt unsere Wahrnehmung bereits früh, wenn etwas unschlüssig wirkt.

Probieren Sie selbst anhand von einem Beispiel mit kritischen Übergängen, welche Lösungsansätze sich am besten eignen. Vergleichen Sie dabei auch die verschiedenen Darstellungsformen wie Isometrische Perspektive, 2D-Skizze mit mehreren Ansichten, Zwei-Punkt-Perspektive mit Kaschierungen und eventuell Perspektive mit drei Fluchtpunkten.

Rundungen und Freiformflächen

13

Rundungen und Freiformflächen sind in der Natur und im Design allgegenwärtig. Durch das Skizzieren hat man schon in einer sehr frühen Phase der Produktentwicklung mit einfachen Mitteln die Möglichkeit, Gestaltungsmerkmale eines Produktes darzustellen. In diesem Kapitel werden anhand von Beispielen und Methoden verschiedene Arten von Rundungen bis hin zu dreidimensionalen Freiformflächen behandelt.

Die Situationen können dabei sehr unterschiedlich sein:

- Einfache Rundungen
- Körper mit zweidimensionalen freien Konturen
- Freiformflächen in allen drei Dimensionen
- Rotationssymmetrische Körper mit frei gestalteten Konturen
- Kombinationen von verschiedenen Krümmungen
- Usw.

> Was, wie bereits angeführt, beim Skizzieren allgemein wichtig ist, gilt in Verbindung mit Rundungen und Freiformflächen besonders: Immer die Gesamtskizze betrachten, und dabei analysieren, ob diese schlüssig aussieht. Und dabei erkennen, in welchen Bereichen Methoden, Musterbeispiele oder Werkzeuge hilfreich sein könnten.

13.1 Rundungen

Rundungen sind eine einfache Form der Gestaltung, verändern aber das Aussehen von Körpern wesentlich (s. Abb. 13.1). Beim Verrunden in perspektivischen Darstellungen können die Erkenntnisse aus dem Abschn. 7.2 „Ellipsen, Zylinder und rotatorische Dreh-

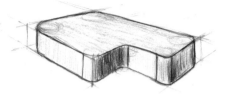

Abb. 13.1 Kubischer Körper ohne und mit Rundungen

Abb. 13.2 Quader mit
rundherum verrundeten Kanten

Abb. 13.3 Würfel mit
abgerundeten Ecken

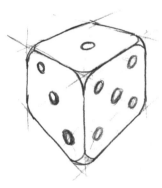

körper" angewendet werden. Also, je nach der gewählten Perspektive, grundsätzlich in den entsprechenden Ellipsen denken. Insbesondere bei kleineren Radien können die Rundungen aber einfach nach Gefühl angebracht werden.

Rundungen können an Kanten und an Ecken angebracht werden (s. Abb. 13.2 und 13.3).

Beim Kanten von Blechteilen entsteht bei der Verformung keine scharfe Kante, sondern ein Radius. Damit Blech-Abkantungen technisch richtig aussehen, werden entsprechende Radien dargestellt (s. Abb. 13.4). Als Innenradius kann grob die Blechstärke als Richtwert angenommen werden.

Wie auch später im Abschn. 20.2 „Mit Skizzen effizient Varianten visualisieren und vergleichen" beschrieben, können mit Skizzieren frühzeitig Gestaltungsvarianten verglichen werden. In Abb. 13.5 wird ein Bewegungsmodul großteils nur durch das Anbringen von Rundungen variiert.

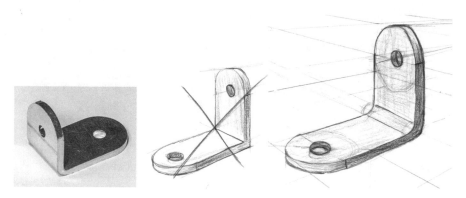

Abb. 13.4 Beispiel für gekanteten Blechwinkel

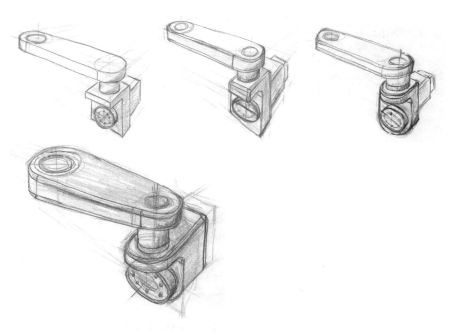

Abb. 13.5 Bewegungsmodul aus der Automatisierungstechnik in verschiedenen gestalterischen Varianten. Dieses Beispiel zeigt, dass mit Rundungen schon einiges an Gestaltungs- und Darstellungsvielfalt möglich ist. Des Weiteren sieht man hier auch, dass nicht alle Scanner und Drucker die gleiche Farbwiedergabe aufweisen

13.2 Freiformflächen

Hüllkörper sind beim Zeichnen von Rundungen und Freiformflächen wichtige Konturen für die Orientierung in der Gesamtgeometrie (s. z. B. Abb. 13.6).

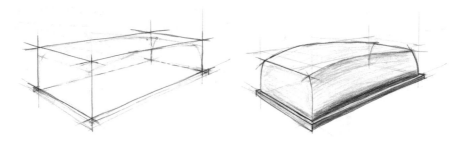

Abb. 13.6 Hüllquader und fertige Butterdose mit einfachen Freiformflächen

Abb. 13.7 Vase in
isometrischer Darstellung. Alle
Ellipsen in den verschiedenen
Schichten wurden mit
Schablone im Verhältnis 1:1,7
vorgezeichnet und anschließen
mit der Hand verbunden und
nachgezogen

    Rotatorischen Körper mit Freiformflächen können auf verschiedene Arten erzeugt wer-
den. In Abb. 13.7 wurden in den jeweiligen Schichten die entsprechenden Ellipsen gezeichnet und diese anschließend verbunden.

    Eine andere Möglichkeit zeigt Abb. 13.8, hier wurde erst der Querschnitt festgelegt,
und dieser anschließend rotiert.

    Bei komplexeren Formen ist ein schichtweiser Aufbau hilfreich. Die Abb. 13.9 zeigt,
wie die Konturen Schicht für Schicht skizziert und anschließen verbunden werden.

    Freude macht bei Freiformflächen aber auch relativ frei zu skizzieren. Dabei ist aber
immer auf das Gesamtkonzept der Skizze zu achten! Auch wenn man viele Elemente in
der Skizze sehr frei skizziert, müssen je nach Darstellungsform die wichtigsten Eigenschaften der Skizze klar sein. Bei Zwei-Punkt-Perspektiven z. B. müssen am Beginn der
Horizont und die Fluchtpunkte festgelegt werden (s. Abb. 13.10).

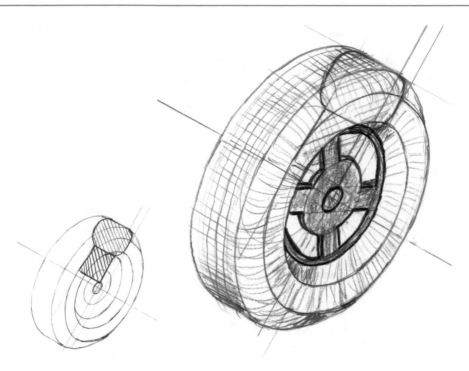

Abb. 13.8 Fahrzeugreifen mit Felge. Hier wurde die Kontur in einer Ebene der Isometrie definiert und anschließend wurden an den entsprechenden Punkten die Rotationsellipsen angebracht. Für das Skizzieren der Felge siehe auch Abschn. 12.2.5 „Winkelteilung an kreisrunden Objekten"

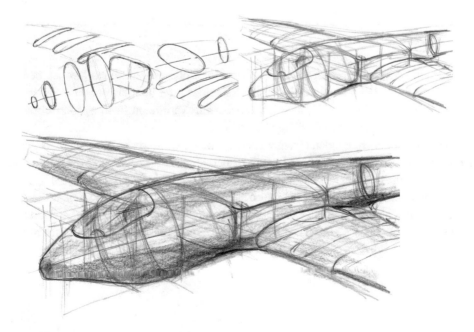

Abb. 13.9 Flugzeug in Schichttechnik aufgebaut

Abb. 13.10 Auch wenn man relativ frei skizziert, ist man durch die Klarheit der Bezugspunkte und Ebenen in allen Bereichen sicher unterwegs. *Anmerkung:* Der Mensch taucht im Kap. 14 „Personenin Skizzen einbinden" auf

13.3   Verschneidungen

Die Verschneidung geometrischer Körper beschreibt den gemeinsamen Bereich der entsteht, wenn zwei oder mehrere Objekte sich schneiden oder überlappen.

Verschneidungen allgemein, aber insbesondere in Verbindung von zylindrischen Flächen, sind beim Skizzieren schwierige Bereiche. Diese zu konstruieren ist aufwendig und komplex und der darstellenden Geometrie zuzuordnen. Wiederkehrende Standardsituationen könnte man in entsprechender Literatur recherchieren oder, wenn man die Möglichkeit dazu hat, mit einem 3D-CAD-Programm analysieren, wie das zum Beispiel in Abb. 13.11a gemacht wurde. Ansonsten ist es beim Skizzieren meist sinnvoll und ausreichend, sich bei Verschneidungen einfach an ein schlüssig aussehendes Ergebnis heranzutasten. Durch das bewusste Betrachten von Gegenständen schult man die eigene Wahrnehmung für die verschiedensten Situationen, welche man bei Skizzieren darstellen möchte.

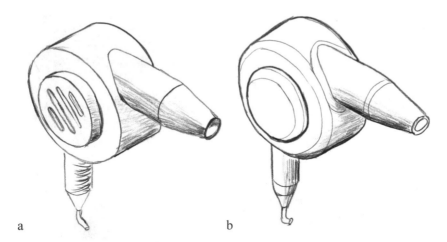

a   b

Abb. 13.11 Föhn mit Verschneidung von Zylinder
(a) Die Verschneidung der Zylinder wurde vor dem Skizzieren mit einem CAD-System analysiert
(b) Verrundete Kanten sind dünn mit Bleistift dargestellt. Alle anderen Linien mit schwarzem Polychromos-Stift

Wenn, wie in Abb. 13.11b sehr viele Rundungen an einem Körper sind, ist es empfehlenswert, die Strichstärken zwischen Rundungen und Kanten bzw. Außenkonturen bewusst
abzustufen. Der Unterschied der Linien kann noch hervorgehoben werden, indem man Linien von Rundungen dünn mit Bleistift zieht. Eine dünne, möglichst durchgezogene Linie
bringt dabei den besten Effekt. Wobei das Erstellen derartiger Linien nicht einfach ist.

13.4   Skizzieren und Design

Skizzieren und Design sind eng miteinander verbunden. Grobe Gestaltungsmerkmale eines
Produktes können bereits anhand von einfachen rudimentären Skizzen diskutiert werden
(s. Abb. 13.12).

Mit Rundungen und einfachen Freiformflächen erweitern sich die gestalterischen Möglichkeiten enorm (s. Abb. 13.13).

Bei komplexeren Objekten, mit einem hohen Anteil an Freiformflächen, ist am Beginn
der Skizze ein einfacher Quader als Startelement wichtig.

In Skizzen von Autos und Fahrzeugen allgemein ist besonders darauf zu achten, dass
die Räder schlüssig dargestellt sind (s. Abb. 13.14 und 13.15).

Abb. 13.12 Transporteinheit mit Teleskop-Tisch mit ersten gestalterischen Produkteigenschaften

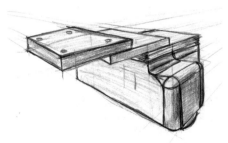

Abb. 13.13   Tragbarer Stereo Audio Player in verschiedenen Designvarianten

Abb. 13.14   Auto mit Quader als Startobjekt. Die Räder sind markant hervorgehoben

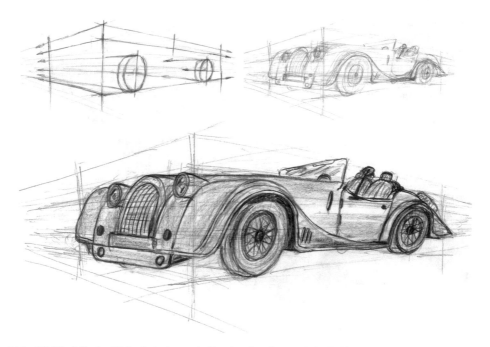

Abb. 13.15 Mit der Sicherheit des umhüllenden Quaders und der Räder am Boden, kann man sich auch einen schönen Sportwagen, wie diesen Morgan, gonnen. Zumindest auf dem Zeichenblatt

13.5 Weitere Beispiele als Anregung zum Üben

Beginnen Sie mit einfachen Standardsituationen, ähnlich wie in den Abb. 13.1, 13.2 und 13.3 dargestellt.

Skizzieren Sie allgemeine Objekte mit Freiformflächen. Nutzen Sie die bereits in diesem Kapitel angeführten Beispiele. Ergänzende Anregungen finden Sie auch in den Abb. 13.16, 13.17, 13.18 13.19 und 13.20. Beginnen Sie dabei mit einfachen Formen und versuchen Sie auch komplexere Formen, egal ob in Schichttechnik oder relativ frei skizziert.

Geschwungene Flächen kommen häufig in Verkleidungen von Maschinen und Geräten vor. Die Abb. 13.17 zeigt eine Verkleidung einer Bearbeitungsmaschine als Übungsbeispiel.

Die Vielfalt der Themenbereiche, aus welchen die Beispiele in diesem Kapitel kommen, unterstreicht, dass das Skizzieren universell eingesetzt werden kann.

Abb. 13.16 Kettensäge in
Zwei-Punkt-Perspektive als
Übungsbeispiel mit einfachen
Freiformflächen. Die Flächen
sind jeweils nur in einer
Richtung frei geformt

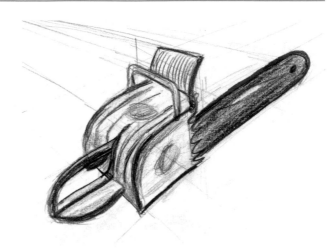

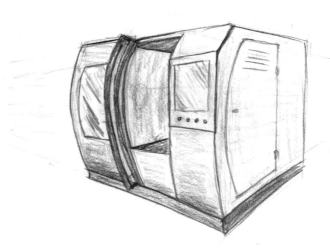

Abb. 13.17 Bearbeitungsmaschine in Zwei-Punkt-Perspektive

Abb. 13.18 Übergangsstück
von quadratischem auf rundem
Querschnitt mit Verjüngung

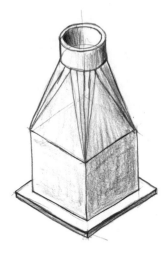

Abb. 13.19 Kaffeemaschine
mit abgerundetem Gehäuse

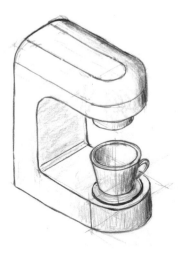

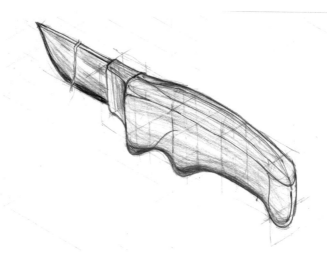

Abb. 13.20 Ergonomischer Messergriff in Schichttechnik aufgebaut. *Anmerkung:* Die feinen durchgehenden Konturlinien wurden mit einem Fineliner-Filzstift der Fa. STABILO erstellt

Personen in Skizzen einbinden

14

Es gibt einige Situationen, in denen es wichtig ist, dass Personen in Zeichnungen eingebunden werden. Damit etwa ein Bezug zur Größe der dargestellten Objekte gegeben ist. Die Personen können aber auch für die Aussage der Skizze entscheidend in Aktionen treten. In technischen und alltäglichen Skizzen geht es nicht darum, dass Menschen besonders naturgetreu und detailreich gezeichnet werden. Im Kontext mit anderen Objekten werden in diesem Buch daher Menschen nur als Strichfiguren dargestellt.

> Das Einbinden von Personen kann für die Aussage einer Skizze entscheidend sein.

14.1   Der Mensch in seinen Proportionen

Auch wenn die Personen nur als Strichfiguren dargestellt werden, müssen Regeln beachtet werden, damit die Darstellung im Kontext der Gesamtskizze schlüssig ist. Eine wichtige Grundlage dabei sind die Proportionen (s. Abb. 14.1).

Einige Leitlinien zu den Proportionen des menschlichen Körpers:

- Der Kopf misst ca. 1/8 der Körpergröße
- Ober- und Unterschenkel sind in etwa gleich lang.
- Bei einer stehenden Person sind die Ellbogen ca. in Höhe der Taille.
- Die Augen sind ca. in der Mitte des Kopfes.

P. Gruber, *Skizzieren in Technik und Alltag*, https://doi.org/10.1007/978-3-658-41566-2_14

Abb. 14.1 Der Mensch in
seinen Proportionen

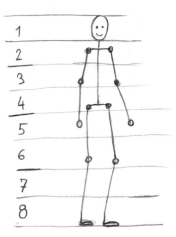

Abb. 14.2 Figuren bekommen in perspektivischen Darstellungen Orientierung

Das Gesicht sollte nur dargestellt werden, wenn es der Aussage der Skizze dient. Und
dann nur reduziert durch Augen und Mund. Damit können in der Regel die Grundemotio-
nen dargestellt werden.

Neben den Proportionen ist auch die Orientierung der Figuren im Raum maßgeblich.
Diese kann durch die Richtung von Hüfte und Schulter angedeutet werden (s. Abb. 14.2).

14.2   Der Mensch in Interaktion

Interessant wird es, wenn man die Figuren zum Leben erweckt und sie interagieren und
Geschichten erzählen lässt. In Abb. 14.3 werden die Figuren in ruhenden Positionen dargestellt. Sobald die Figuren andere als stehende Positionen einnehmen, wird es etwas
schwieriger, die Proportionen richtig einzuschätzen.

Abb. 14.3 Figuren Zwei-Punkt-Perspektiven in ruhender, sitzender und liegender Position

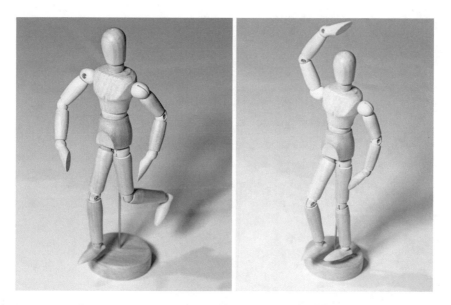

Abb. 14.4 Bewegliche humanoide Puppe zum Nachstellen von Positionen

Beim Abschätzen der Proportionen in verschiedenen Stellungen und Bewegungen kann eine bewegliche humanoide Puppe hilfreich sein (s. Abb. 14.4).

Der nächste Schritt, im wahrsten Sinn des Wortes, ist, dass die Personen bei Bewegungen auch entsprechend dynamisch wirken. Die Darstellungen in Abb. 14.5 zeigen Menschen bei verschiedensten Aktivitäten.

Bei Zwei-Punkt-Perspektiven ist die Wahl des Horizonts immer ein wichtiges Thema, insbesondere bei Skizzen mit Personen. Häufig wird der Horizont auf Augenhöhe einer stehenden erwachsenen Person gewählt. Dabei ist zu beachten, dass die Augenhöhe von Menschen, welche sich aufrecht am Boden aufhalten, in etwa konstant bleibt, unabhängig davon, wo sich die Person in der Szene befindet (siehe Abb. 14.6 und 14.7). Dabei bildet der Boden einen wichtigen Bezug.

In Skizzen mit Personen bietet sich häufig an, dass der Horizont gleich mit der Augenhöhe von Personen in der Skizze ist (s. Abb. 14.8). Aber, je nach gewünschter Wirkung, kann der Horizont in beliebiger Höhe gewählt werden (s. z. B. Abb. 14.9).

Abb. 14.5 Menschen bei verschiedensten Aktivitäten

Durch das Einbinden von Personen können Eigenschaften wie Bedienseite, Zugang, Mensch-Maschine-Interface usw. selbsterklärend dargestellt werden. Darüber hinaus ist das Größenverhältnis eines Objekts auf einen Blick erkennbar, sodass man eine ungefähre Vorstellung von seiner Größe erhält (s. Abb. 14.10).

Räume wirken erst durch Menschen lebendig (s. Abb. 14.11).

Abb. 14.6 Szene mit mehreren Personen in Zwei-Punkt-Perspektive, mit Horizont in Augenhöhe von stehenden erwachsenen Personen

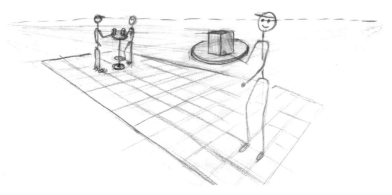

Abb. 14.7 Szene mit mehreren Personen in größerem Abstand in der Tiefe. Der Horizont der Zwei-Punkt-Perspektive ist dabei für alle Personen auf Augenhöhe der stehenden Person gleich

Mit 2D-Skizzen können Personen in Interaktion besonders einfach und schnell dargestellt werden (s. Abb. 14.12 und 14.13). Ein effizientes Skizzieren ist besonders hilfreich, wenn man verschiedene Lösungsmöglichkeiten zeigen will (siehe auch Abschn. 20.2 „Mit Skizzen effizient Varianten visualisieren und vergleichen").

Auch bei diesem Thema ist es empfehlenswert, systematisch einige Varianten zu üben. Skizzieren Sie anfangs Personen allein ohne Kontext, um ein Gefühl für die Proportionen zu bekommen. Erfinden Sie selbst Situationen mit Menschen in Aktion. Verwenden Sie dabei verschiedene Darstellungsformen, wie 2D-Skizzen und Zwei-Punkt-Perspektiven. Ergänzend zu den bereits beschriebenen Beispielen finden Sie noch Anregungen in den Abb. 14.14, 14.15 und 14.16.

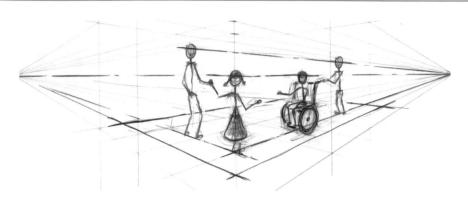

Abb. 14.8 In dieser Zwei-Punkt-Perspektive ist der Horizont in Augenhöhe des Kindes und der Person im Rollstuhl gewählt

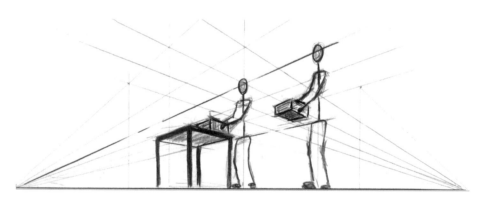

Abb. 14.9 Durch den tiefen Blickwinkel erscheinen die Figuren groß und kräftig. *Anmerkung:* Bei dieser und der vorherigen Skizze wurde jeweils eine Vorlage verwendet, wie sie im Kap. 3 „Werkzeuge, Material und nützliche Hilfsmittel" vorgestellt wurden

Abb. 14.10 Mensch und
Maschine im Dialog

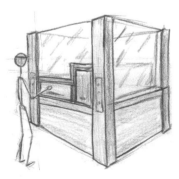

Abb. 14.11   Arbeitsraum mit
Personen

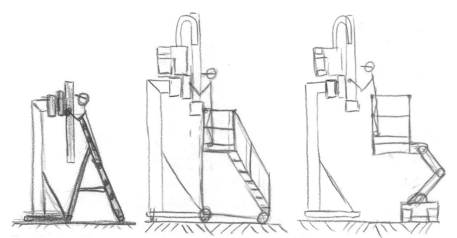

Abb. 14.12   Lösungsvarianten für Wartungstätigkeit an Portalroboter

Abb. 14.13   Tätigkeiten von Personen in 2D-Skizzen einfach und schnell dargestellt

Abb. 14.14 Arbeitsplatz in
2D-Ansicht. Wenn es für die
gewünschte Wirkung ausreicht,
sind 2D-Skizzen immer eine
einfache Option

Abb. 14.15 Anhand von
Beispielen aus Sport und
Freizeit kann das Skizzieren
von Personen bei
verschiedensten Aktivitäten
geübt werden

Abb. 14.16   Bei Skizzen mit Abbildungen in Skizzen entstehen interessante Perspektiven

Pfeile zum Darstellen von Bewegungen, Kräften, Abläufen usw.

15

In der Technik treten Bewegungen und Kräfte häufig auf. Es ist wichtig, diese in Skizzen verständlich darzustellen. Dabei sind Pfeile nützliche Elemente, die nicht nur mechanische Bewegungen und Kräfte beschreiben können. Sie können auch logistische Abläufe (s. Abb. 15.12), Prozesse (s. Abschn. 18.4 „Darstellung von Prozessen, Abläufen, u. dgl."), Vorgänge aus der Elektro- und Fluidtechnik (s. Abb. 15.14) und vieles mehr darstellen.

15.1 Pfeile

Eine einfache und klare Pfeilform unterstützt den Betrachter dabei, eine Skizze schnell zu erfassen. Die Abb. 15.1 und 15.2 zeigen eine bewährte Pfeilform, die ähnlich auch in Verkehrszeichen vorkommt (siehe Abb. 15.1b).

Grundsätzlich sind Pfeile in einer Skizze wie andere Körper zu behandeln und folgen der Perspektive der gesamten Darstellung (s. Abb. 15.3).

Eine etwas einfachere Alternative sind räumlich flache Pfeile. Die seitlichen Körperflächen werden vereinfacht durch dickere Strichstärken hervorgehoben. Die Aussagekraft der Pfeile ist trotz der Vereinfachung gegeben (s. Abb. 15.4 und 15.6).

Pfeile können aus verschiedensten geometrischen Grundkörper zusammengesetzt werden (s. Abb. 15.5 und 15.6).

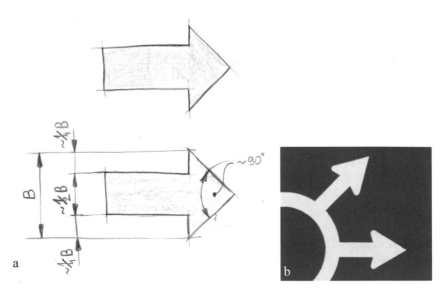

Abb. 15.1 Bewährte Pfeilform (**a**) Empfohlene Proportion für Pfeile (**b**) Diese ähnliche Form kommt auch in Verkehrszeichen vor, wo eine schnelle und klare Erfassung durch den Betrachter besonders wichtig ist

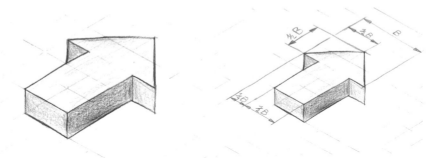

Abb. 15.2 Der Pfeil als Körper in isometrischer Perspektive

Abb. 15.3 Pfeile als
vollständige Körper in einer
Zwei-Punkt-Perspektive

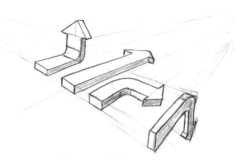

Abb. 15.4 Vereinfachte perspektivische Darstellung von Pfeilen. Siehe dazu auch Abschn. 19.2 „Darstellungen vereinfachen"

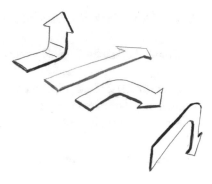

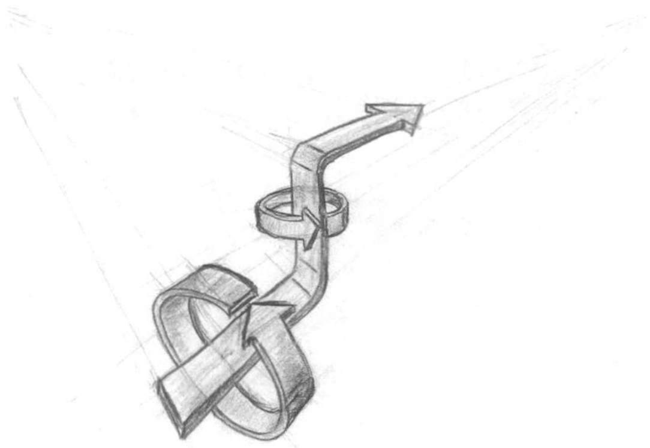

Abb. 15.5 Kombination von linearen und runden Pfeilen als Körper

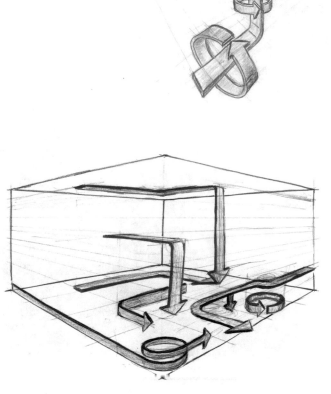

Abb. 15.6 Flache, vereinfachte Pfeile frei im Raum einer Zwei-Punkt-Perspektive. *Anmerkung: Dieser Raum ist aus einer Vorlage aus dem Abschn. 3.2.2 „Optionen zu Materialien und Anmerkungen zu Farben" abgeleitet*

15.2   Beispiele für Objekte mit Pfeilen

Mit Pfeilen kann man Objekten Schwung und Kraft verleihen.

Beispiel für 2D-Skizze mit Pfeilen
Wenn es nur darum geht, Informationen einfach, schnell und klar darzustellen, kann eine
2D-Skizze immer als Option angedacht werden (s. Abb. 15.7).

Anwendungsbeispiele in Perspektiven mit zwei Fluchtpunkten
Sowohl die Fluchtlinien der Objekte als auch der Pfeile laufen in den beiden Fluchtpunk-
ten zusammen (Siehe auch Abschn. 2.5 „Perspektive mit zwei Fluchtpunkten –
Zwei-Punkt-Perspektive").

   Die Abb. 15.8, 15.9, 15.10 und 15.11 zeigen Beispiele in Zwei-Punkt-Perspektive aus
der Technik. Die Pfeile tragen einen wesentlichen Beitrag zum Verständnis bei.

Abb. 15.7 Einfache
Darstellung von
Bewegungen in 2D

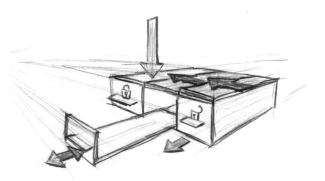

Abb. 15.8 Ladenauszüge mit
verschiebbaren
Schutzelementen, dargestellt
mit linearen
vereinfachten Pfeilen

Abb. 15.9   Greifer mit
Werkstück. Die Pfeile sind hier
als volle Körper dargestellt.
Mit dem roten Pfeil wird die
Rotationsbewegung
angedeutet. Mit den blauen
Pfeilen werden die Flieh- und
Greifkräfte dargestellt

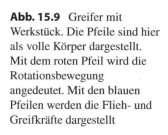
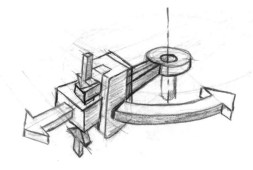

Abb. 15.10   Die Pfeile beschreiben die Freiheitsgrade des 4-Achsroboters

Abb. 15.11   Mit Pfeilen
können kinematische
Zusammenhänge und Systeme
verständlich erklärt werden

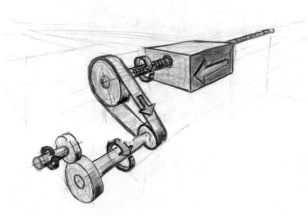

Anwendungsbeispiele in Isometrie

Darstellungen in isometrischer Parallelperspektive eignen sich besonders für die Beschreibung von komplexeren und größeren Systemen (s. Abb. 15.12, 15.13 und 15.14). Bei Skizzen mit rotatorischen Elementen (s. Abb. 15.13) hat die isometrische Darstellung den Vorteil, dass alle Ellipsen von Objekten und Pfeilen das gleiche Verhältnis von 1:1,7 haben (siehe dazu auch Abschn. 7.2.1 „Ellipsen, Zylinder und Drehkörper in Isometrie").

Wie auch bei anderen Kapiteln macht ebenso hier Übung den Meister. Wichtig ist bei der Erstellung von Pfeilen, dass man sich an der Gesamtskizze orientiert (s. z. B. Abb. 15.15).

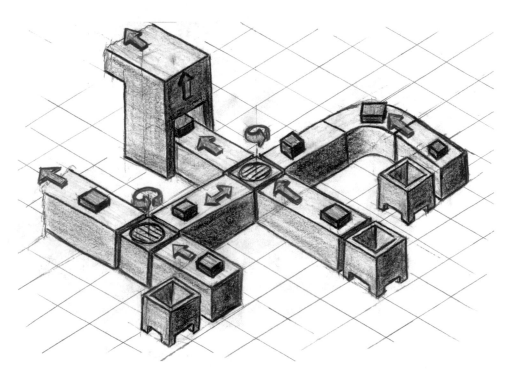

Abb. 15.12 Mithilfe von Pfeilen kann der Materialfluss der skizzierten Förderanlage dargestellt werden

Abb. 15.13 Antriebssystem
mit rotatorischen Elementen

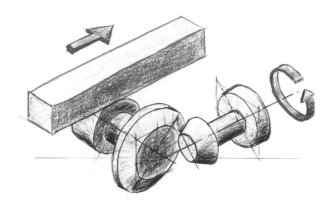

Abb. 15.14 Beispiel aus der
Fluidtechnik. In der
isometrischen Skizze wird eine
Ansteuerung eines Zylinders
durch ein Ventil dargestellt.
Mit den Pfeilen können sowohl
die Fließrichtungen der
pneumatischen oder
hydraulischen Medien als auch
die mechanischen Bewegungen
dargestellt werden

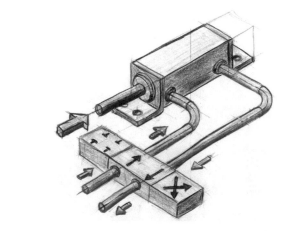

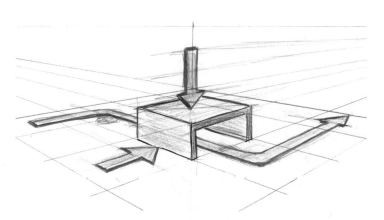

Abb. 15.15 Übungsbeispiel in Zwei-Punkt-Perspektive, mit Pfeilen

Körper im Raum gedreht

16

Bisher wurden in diesem Buch die Objekte vorwiegend in Richtung der Hauptachsen orientiert. In der Realität ist das natürlich nicht immer so. In diesem Kapitel wird anhand von Beispielen und Methoden erläutert, wie Objekte in verschiedenen Räumen gedreht werden können. Schwenkbare Einheiten kommen in der Technik relativ häufig vor. Daher werden in den nachfolgenden Betrachtungen verschiedene Orientierungen in Räume und Drehungen um Achsen und Kanten behandelt. Dabei wird unterschieden, ob Körper gesamt gedreht werden, oder ob passende zusätzliche schwenkbare Körper wie Deckel dargestellt werden.

16.1 Drehung um Linien in der Isometrie

Abb. 16.1 zeigt eine Methode, um einen Grundkörper in isometrischer Darstellung mit einem passenden zusätzlichen schwenkbaren Körper zu ergänzen:

1. Grundkörper skizzieren.
2. Schwenkellipse tangential an den zu schwenkenden Punkt skizzieren.
3. Gewünschten Schwenkpunkt auf der Schwenkellipse wählen.
4. Körperkante tangential am Schwenkpunkt skizzieren.
5. Nun kann der geschwenkte Quader in der gewünschten Größe fertig skizziert werden. Das Ergebnis ist hier eine Darstellung in trimetrischer Parallelgeometrie. Die Kanten des geschwenkten Quaders sind also parallel.

© Der/die Autor(en), exklusiv lizenziert an Springer Fachmedien Wiesbaden
GmbH, ein Teil von Springer Nature 2023
P. Gruber, *Skizzieren in Technik und Alltag*, https://doi.org/10.1007/978-3-658-41566-2_16

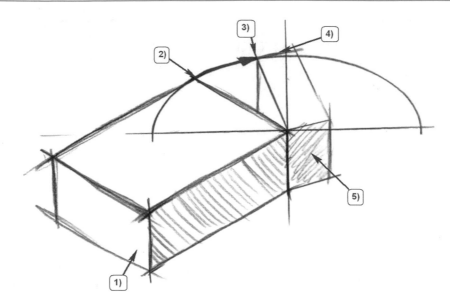

Abb. 16.1 Anleitung zum Skizzieren von einem Quader mit einem passenden zusätzlichen geschwenkten Körper, beschrieben in einer isometrischen Darstellung

▶   **Tipp** In der Isometrie kann für Schwenkellipsen eine Schablone im Verhältnis
       1:1,7 verwendet werden.

   Abb. 16.2 zeigt die Methode, um einen Quader in eine andere Schwenkstellung
zu drehen:

1. Es wird wieder vom gleichen Grundkörper wie in Abb. 16.1 ausgegangen.
2. Und es wird wieder die Schwenkellipse mit dem Schwenkpunkt im gewünschten
   Schwenkwinkel gezeichnet.
3. Da jetzt der Ausgangskörper geschwenkt werden soll, ergibt sich, dass die Tangente am
   geschwenkten Punkt, gegenüber der Abb. 16.1, in die andere Richtung zu skizzieren ist.
4. Weites wird eine zweite Ellipse, mit der der Verkürzungsfaktor der zweiten Kante des
   oberen Rechteckes ermittelt werden kann, gezeichnet.
5. Nun kann der geschwenkte Quader fertig skizziert werden. Das Ergebnis ist hier eine
   Darstellung in trimetrischer Parallelgeometrie. Die Kanten des geschwenkten Quaders
   sind also wieder parallel.

Diese beiden Methoden können in der Isometrie in allen drei Achsrichtungen gleich angewendet werden (s. Abb. 16.3 und 16.4).

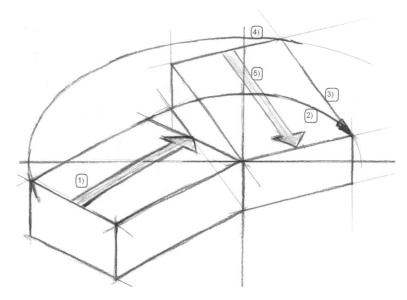

Abb. 16.2 Anleitung zum Skizzieren von einem Quader, welcher um eine Körperkante gedreht wird, dargestellt in einer isometrischen Darstellung

Abb. 16.3 Quader um Kante
geschwenkt

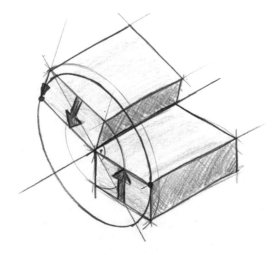

Die Abb. 16.2 und 16.3 beschreiben an sich eine Methode, um einen Quader um eine Kante zu drehen. In diesen Quadern können nun beliebige Geometrien eingefügt werden. Dadurch hat man die Möglichkeit, verschiedenste Körper im Raum zu schwenken (s. Abb. 16.5). Bezüge am Kubus, wie durch Diagonale geteilte Flächen, können als Bezüge entsprechend hilfreich sein.

Abb. 16.4 Quader mit
schwenkbarem Deckel, hier
schematisch als
Klappfeuerzeug angedeutet

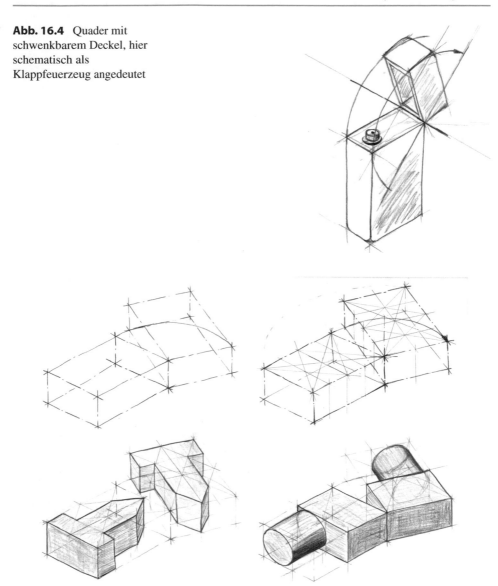

Abb. 16.5 Der geschwenkte Quader dient als umhüllende Form für verschiedene Geometrien

16.2   Drehung um Linien in der Zwei-Punkt-Perspektive

In der Zwei-Punkt-Perspektive können die Methoden aus der Isometrie (s. Abb. 16.1 und 16.2)
analog angewendet werden. Nur dass die Linien von kubischen Körpern nicht parallel sind,
sondern an den jeweiligen Fluchtpunkten zusammenlaufen (s. Abb. 16.6 und 16.7).

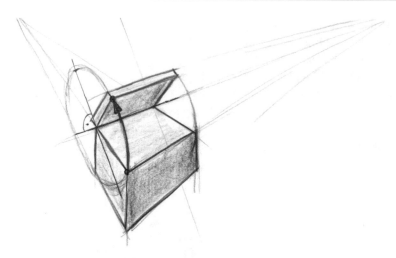

Abb. 16.6 Quader mit einem passenden zusätzlichen geschwenkten Körper, beschrieben in einer Zwei-Punkt-Perspektive

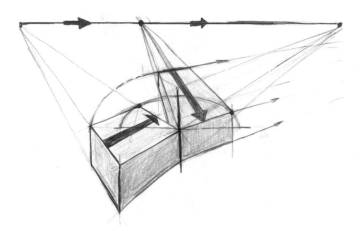

Abb. 16.7 Quader in Zwei-Punkt-Perspektive um eine vertikale Körperkante geschwenkt. *Anmerkung:* Bei diesem Beispiel wurden die Fluchtpunkte relativ eng gewählt, damit die Verzerrungseffekte erkennbar sind

Dreht man in einer Zwei-Punkt-Perspektive, wie in Abb. 16.7 dargestellt, einen Quader um eine vertikale Körperkante, wandern die Fluchtpunkte der nach hinten verlaufenden Linien entlang des Horizontes. Dabei verlassen die Fluchtpunkte je nach Schwenkwinkel das Zeichenblatt und kommen auf der anderen Seite wieder in das Sichtfeld.

Auch in der Zwei-Punkt-Perspektive können die Methoden in allen Hauptachsen angewendet werden (s. Abb. 16.8, 16.9 und 16.10). Wichtig ist allerdings hier, dass das Verhalten der Fluchtpunkte entsprechend beachtet wird.

In Abb. 16.10 wird das gleiche Prinzip, wie in Abb. 16.7 gezeigt, angewendet. Nur dass
hier die Fluchtpunkte wesentlich weiter außen gewählt wurden und damit die Verzerrung
geringer ist. Der Horizont und die Fluchtpunkte sind außerhalb des sichtbaren Bereiches
gewählt. Dadurch können die Schnittpunkte am Horizont nur grob geschätzt werden. So-
lange die Gesamtskizze schlüssig erscheint, sind die genauen Positionen der Schnittpunkte
nicht entscheidend.

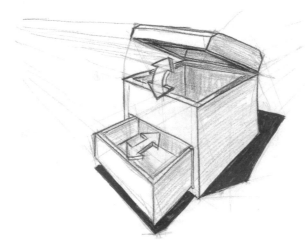

Abb. 16.8 Truhe mit Schublade und schwenkbarem Deckel. Dabei laufen die Schwenkkante und
die Linien der Truhe und des nach oben geschwenkten Deckels auf den gleichen linken Fluchtpunkt
zusammen

Abb. 16.9 Notizblock mit
Stift und Fach für Geld oder
Ähnliches. Die
Hilfskonstruktion wurde hier
auf einem eigenen Blatt
durchgeführt und die
eigentliche Skizze dann darauf
durchgepaust. Dadurch erhält
man, wenn gewünscht, eine
sehr aufgeräumte Skizze

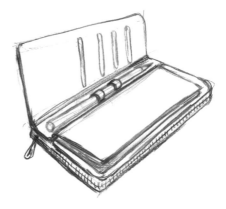

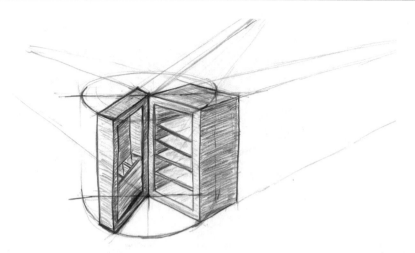

Abb. 16.10 Kühlschrank in einer Zwei-Punkt-Perspektive mit einer um eine vertikale Kante geöff-neten Tür

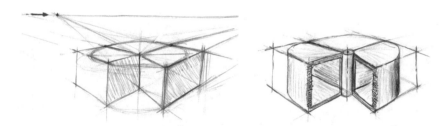

Abb. 16.11 Quader mit schwenkbarem Gegenstück. Die Schaufelelemente können in den umhül-lenden Quader eingepasst werden

Auch in der Zwei-Punkt-Perspektive können die geschwenkten Quader als Hülle für verschiedenste Geometrien verwendet werden (s. Abb. 16.11).

16.3 Körper horizontal in der Zwei-Punkt-Perspektive gedreht

Beim horizontalen Drehen von Körpern in der Zwei-Punkt-Perspektive gibt es einige ein-fache, aber wichtige Merkmale (s. Abb. 16.12, 16.13, 16.14, 16.15, 16.16, 16.17, 16.18 und 16.19).

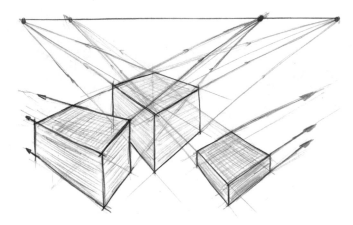

Abb. 16.12 Quader in verschieden horizontal gedrehten Positionen in einer Zwei-Punkt-Perspektive. Jeder Quader hat für seine Lage entsprechend, die Fluchtpunkte am Horizont

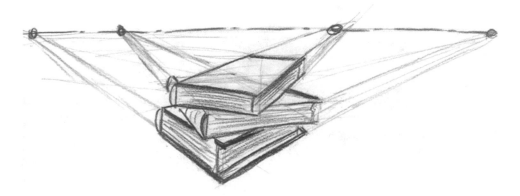

Abb. 16.13 Buchstapel in einer Zwei-Punkt-Perspektive. Egal in welche Höhe sich ein Buch befindet, laufen die Kanten einer Fläche zu einem Fluchtpunkt am Horizont zusammen

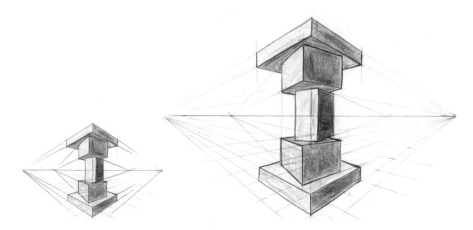

Abb. 16.14 Stapel mit verschieden gedrehten Quadern. Der Blickwinkel wurde dabei so gewählt, dass ein Teil der Körper unter- und ein Teil oberhalb des Horizontes ist. Es laufen dabei alle Flucht-linien am Horizont zusammen

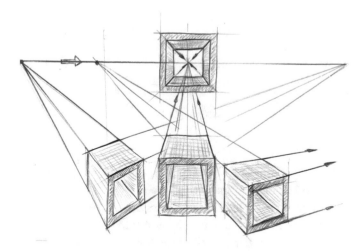

Abb. 16.15 Sind kubische Körper in einer Zwei-Punkt-Perspektive so orientiert, dass Kanten waagrecht, also parallel zum Horizont sind, so ist dieser Körper in Zentralperspektive dargestellt. Die Ein-Punkt-Perspektive ist also eine besondere Situation der Zwei-Punkt-Perspektive

Übersicht

Die folgenden Merkmale gelten bei Fluchtpunktperspektiven allgemein, aber beim Drehen und freien Orientieren von Elementen sind diese besonders relevant:

- Eine Skizze in Zwei-Punkt-Perspektive hat nur einen Horizont, welcher für alle Objekte in der Skizze gilt. Dieser Horizont entspricht der Augenhöhe des Betrachters.
- Die Fluchtpunkte für alle horizontal gedrehten kubischen Körper bewegen sich entlang vom Horizont, egal in welcher Höhe sich die Körper befinden.
- Die Fluchtpunkte bewegen sich beim Drehen immer in die gleiche Richtung. Die Geschwindigkeit, mit der sich die Fluchtpunkte im Verhältnis zum Schwenkwinkel nach außen wandern, nimmt zu, je flacher die Linien werden.
- Eine Skizze in Zwei-Punkt-Perspektive hat nur einen zentralen Fluchtpunkt. Dieser entspricht der Mitte des Blickfeldes des Betrachters. Dieser Punkt muss nicht zwingend in der Mitte der Skizze sein. Wird ein Raum mit zwei Fluchtpunkten als Bezugssystem angenommen, liegt der zentrale Blick-, bzw. Fluchtpunkt in der Mitte der beiden seitlichen Fluchtpunkte des Raumes (s. Abb. 16.16 und 16.24).
- Wird ein Kubus so orientiert, dass die Kanten waagrecht, also parallel zum Horizont sind, ist ein Fluchtpunkt unendlich weit außen. Der andere Fluchtpunkt, in dem die anderen Linien zusammenlaufen, ist in diesem Fall direkt im zentralen Fluchtpunkt. Siehe auch Kap. 17 „Zentralperspektive – besondere Anwendungen und Sichtweisen".

Zusammenfassende Darstellung zu Bezugsraum, zentraler Fluchtpunkt und Körper horizontal in der Zwei-Punkt-Perspektive gedreht

In Abb. 16.16 werden Objekte in einem Bezugsraum in verschiedenen Orientierungen dargestellt. Die roten Elemente stellen den *Bezugsraum* und Objekte an dessen Wänden dar. Der *zentrale Fluchtpunkt* ist in der Mitte zwischen den beiden seitlichen Fluchtpunkten des Bezugsraumes. Die schwarzen Möbelstücke sind frei im Raum aufgestellt. Und die blauen Elemente, also das Sofa, das linke Sitzmöbel und die Deckenbeleuchtung, sind im Raum so orientiert, dass die Linien der Frontflächen waagrecht und senkrecht sind. Diese blauen Elemente sind also in Zentralperspektive dargestellt. Dadurch laufen ihre Fluchtlinien im zentralen Fluchtpunkt zusammen.

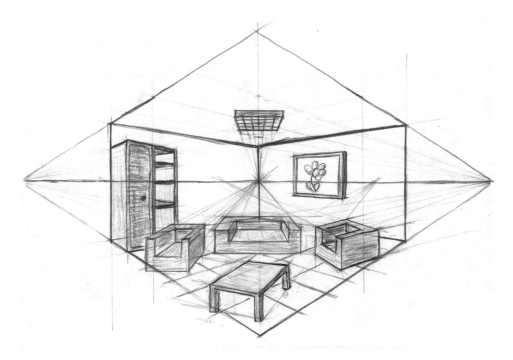

Abb. 16.16 Raum in Zwei Punkt-Perspektive mit Möbel und Wandelementen in verschiedenen Positionen

16.4   Körper frei im Raum gedreht

Frei im Raum gedrehte Körper gehören schon zu den anspruchsvolleren Situationen. Möchte man einen Körper, dessen Position frei im Raum ist, also nicht durch festgelegte Relationen definiert ist, darstellen, wäre eine Empfehlung, einfach mal frei drauflos zu skizzieren. Dabei ist unsere Wahrnehmung eine wertvolle Hilfe. Ist etwas nicht schlüssig, wird das auch erkannt. Fotos können auch Orientierung geben (s. Abb. 16.17). Fotografie und Skizzieren haben einiges gemeinsam. Das Spiel mit Perspektiven, verschiedene Sichtweisen auf Objekte usw. Ein wesentlicher Unterschied ist, dass in der Fotografie der Kontext für das Auge meist automatisch gegeben ist. Beim Skizzieren muss dieser, wenn gewünscht, entsprechend angedeutet werden.

Hilfreich ist auch ein schrittweises Schwenken um Körperkanten oder Achsen (s. Abb. 16.18 und 16.19).

Abb. 16.17 Die Seebühne in Bregenz, fotografiert 2018, als Anregung zum Scribbeln von frei im Raum orientierten Karten. Dieses eindrucksvolle Bühnenbild zur Oper Carmen wurde von der Künstlerin Es Devlin gestaltet

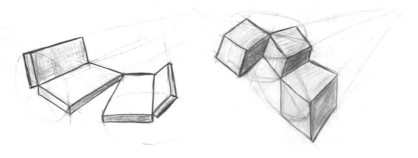

Abb. 16.18 Mehrere Quader nacheinander an Kanten angrenzend im Raum gedreht skizziert

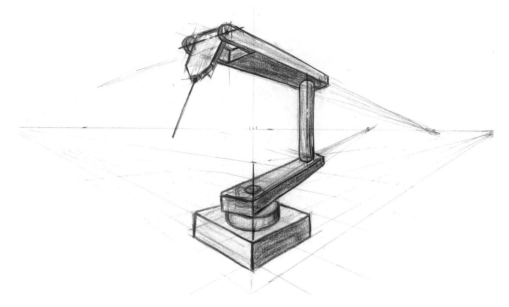

Abb. 16.19 3D-Laserschneidgerät mit SCARA-Kinematik. Die Achsen haben freie, zufällig ge-
wählte Stellungen im Raum. Die Achsen wurden ausgehend von der Basis, nacheinander zueinander
geschwenkt skizziert

16.5 Übungsbeispiele mit dreh- u. schwenkbaren Körpern im Raum

Üben Sie die Methoden aus den vorigen Kapiteln in Isometrie und in Zwei-Punkt-
Perspektive in den drei Hauptachsen (s. Abb. 16.20). Skizzieren Sie dabei geschwenkte
Quader und geschwenkte Ergänzungskörper.

Beim Schwenken von Geometrien mithilfe eines umschließenden Quaders liegt manchmal der Kern darin, einen günstigen „Hüllquader" zu wählen (s. Abb. 16.21).

▶ **Tipp** Methoden sind wichtig, um Situationen zu verstehen, und systematisch
aufbauen zu können. Die Anwendung von Methoden bedeutet meist aber
auch einen gewissen Aufwand. Es kann daher sinnvoll sein, eine Methode nur
soweit exakt durchzuführen, bis die groben Proportionen, Richtungen usw. klar
sind, und anschließend die Situation frei fertig zu skizzieren. Beim Beispiel in
Abb. 16.21 könnte z. B. der in c) dargestellte Schritt übersprungen werden.

Die Abb. 16.22, 16.23 und 16.24 zeigen einige Anregungen für Übungsbeispiele aus
der Praxis. Finden Sie auch hier selbst Beispiele.

Abb. 16.20 Übungsanregungen zu drehen von Körpern um die Hauptachsen

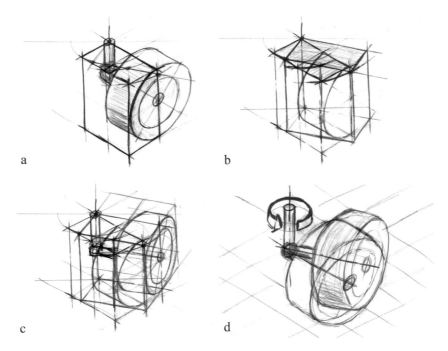

a   b

c   d

Abb. 16.21 Schwenkung einer Geometrie mit Hüllquader anhand des Beispiels einer Radlenkung (**a**) Der Hüllquader umfasst bei diesem Beispiel das halbe Rad bis zur Schwenkachse (**b**) Nun wird der Hüllquader analog der in Abb. 16.2 dargestellten Methode geschwenkt (**c**) Der geschwenkte Hüllquader kann nun nach hinten gespiegelt werden. Damit kann das gesamte geschwenkte Rad eingepasst werden (**d**) Nachteilig ist bei diesem Beispiel, dass die Ausgangsgeometrie und die geschwenkte Stellung ineinander gehen. Dadurch ist die Skizze etwas schwierig zu lesen. Eine kleine Verbesserung kann einfach erzielt werden, indem man die wesentlichen Elemente neu durchpaust

Abb. 16.22 Scharnier in
isometrischer Darstellung in
verschiedenen
Schwenkstellungen

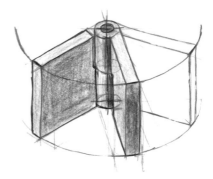

Abb. 16.23 Maschinengehäuse in Zwei-Punkt-Perspektive mit schwenkbaren Scheiben

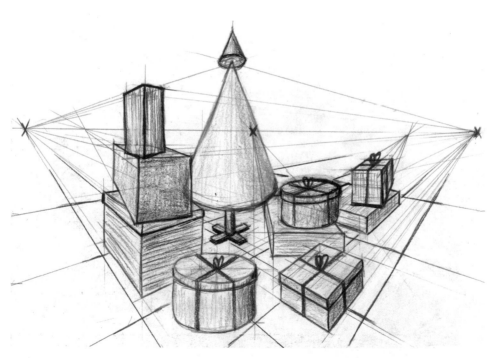

Abb. 16.24 „Eine schöne Bescherung". Die Weihnachtspakete liegen kreuz und quer gestapelt. Man beachte das blaue Päckchen in Zentralperspektive

Zentralperspektive – besondere Anwendungen und Sichtweisen

Die Zentralperspektive, oder auch Ein-Punkt-Perspektive genannt, ist an sich eine relativ einfache Darstellungsform. Es können damit aber Skizzen mit besonderen Effekten erstellt werden. Daher ist dieser Darstellungsform ein eigenes Kapitel gewidmet.

Theoretisch wird diese besondere Sichtweise im Kap. 1 „Theoretisch betrachtet – Verschiedene Darstellungsformen" beschrieben.

Die besonderen Möglichkeiten der Zentralperspektive werden hier anhand von Beispielen erläutert.

Wie schon in den Abschn. 2.6 „Zentralperspektive – Ein-Punkt-Perspektive" und 16.3 „Körper horizontal frei im Raum der Zwei-Punkt-Perspektive gedreht" angeführt, ist die Zentralperspektive (oder auch Ein-Punkt-Perspektive genannt) eine besondere Situation im Bezugssystem der Zwei-Punkt-Perspektive (s. Abb. 17.1). Im genannten Abschn. 16.3 sind die Skizzen ausgehend von Zwei-Punkt-Perspektiven aufgebaut, und einzelne Körper sind in die Zentralperspektive gedreht bzw. orientiert.

Abb. 17.1 Die Zentralperspektive ist eine besondere Situation in der Zwei-Punkt-Perspektive

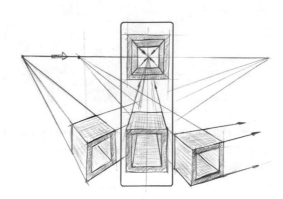

Abb. 17.2 Bauklötze in
Zentralperspektive

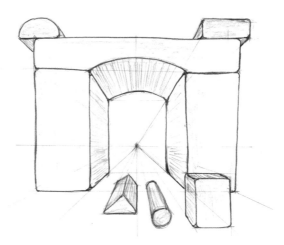

Die Ein-Punkt-Perspektive kann aber auch als Bezugssystem einer Skizze verwendet werden, dadurch sind besondere Sichtweisen möglich (s. z. B. Abb. 17.2).

Übersicht
Merkmale der Zentralperspektive:

- In den Frontansichten haben kubische Objekte horizontale und vertikale Hauptlinien.
- Geometrien, welche parallel zu Darstellungsebene sind, haben, wie in 2D-Skizzen, unverfälschte Proportionen.
- Geometrien, welche parallel zu Darstellungsebene sind, können in der Darstellungsebene oder in Ebenen parallel zu Darstellungsebene gedreht werden, ohne dass sich deren Form verändert.
- Alle Linien in die Tiefe laufen im zentralen Blick- bzw. Fluchtpunkt zusammen.
- Es gibt für die gesamte Skizze in Zentralperspektive nur einen gemeinsamen zentralen Fluchtpunkt in der Mitte des Blickfeldes.
- Gleiche Geometrien in verschieden Tiefen haben nur verschiedene Größen, nicht aber verschiedene Proportionen.

Die Ein-Punkt-Perspektive ist, wie schon angeführt, eine spezielle Situation aus der Zwei-Punkt-Perspektive. Daher können umgekehrt in einer zentralperspektivischen Skizze Elemente sozusagen aus der Zentralperspektive in eine Zwei-Punkt-Perspektive gedreht werden (s. Abb. 17.3, 17.4 und 17.5).

Ein-Punkt-Perspektiven werden neben den Zwei-Punkt-Perspektiven ebenfalls gerne in der Architektur verwendet (s. Abb. 17.4).

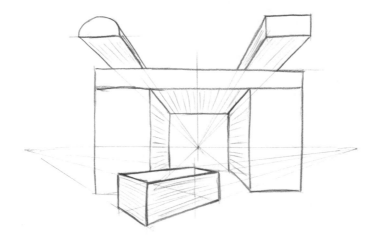

Abb. 17.3 Zentralperspektive kombiniert mit einem Quader in Zweipunktperspektive

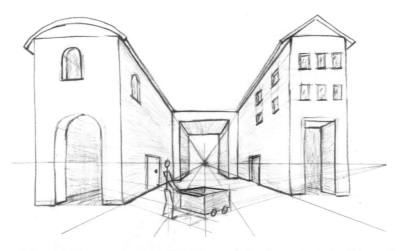

Abb. 17.4 Gebäude in Zentralperspektive. Die Person mit dem Wagen ist in der Skizze schräg, und damit in einer Zwei-Punkt-Perspektive, dargestellt

In Skizzen können sehr viele Objekte anders als die Hauptachsen des Bezugssystems orientiert sein. Im Grunde benötigt man in der Zwei-Punkt-Perspektive keine bestimmte Orientierung als Bezugssystem. Das Bezugssystem könnte allgemein eine Zwei-Punkt-Perspektive mit einem Horizont sein, in dem alle Objekte verschieden orientiert sein können (s. z. B. Abb. 16.12). Zu beachten ist nur, dass es für alle Objekte in der Orientierung der Zentralperspektive nur einen gemeinsamen Fluchtpunkt in der Skizze gibt. Dieser zentrale Fluchtpunkt befindet sich direkt in Blickrichtung.

Für das Arbeiten ist es meist sinnvoll, ein Bezugssystem für die Skizze zu definieren. In Abb. 17.5 wurde der Tisch in Zentralperspektive als Bezugssystem gewählt.

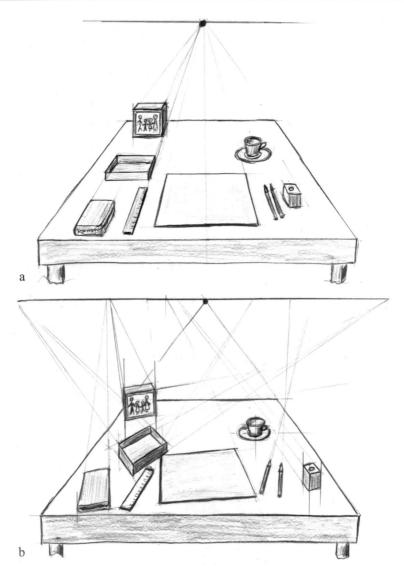

Abb. 17.5 Schreibtisch in Zentralperspektive (**a**) Alle Objekte am Tisch sind nach dem Bezugssystem, dem Tisch ausgerichtet (**b**) Selten, dass ein Schreibtisch so exakt wie in Abb. (**a**) dargestellt, aufgeräumt ist. In Abb. (**b**) sind alle Objekte am Tisch gegenüber dem Bezugsystem verschieden gedreht. Die Kanten, von Flächen, welche nach hinten verlaufen, treffen sich an verschiedenen Punkten am Horizont. Die Geschwindigkeit, mit der die Schnittpunkte am Horizont beim Drehen wandern, steigt, je flacher die Linien werden. Sehr flache Linien treffen sich außerhalb des Zeichenblattes. Vertikale Linien bleiben dabei senkrecht

Hebt man nun ab, und schaut senkrecht nach unten, können mit Zentralperspektiven z. B. interessante perspektivische Grundrisse dargestellt werden (s. Abb. 17.6).

Der zentrale Fluchtpunkt liegt dabei senkrecht unter dem Betrachter, tief unter dem angenommenen Boden.

Vom Küchenplan bis zu Wolkenkratzern ist alles möglich (s. Abb. 17.7).

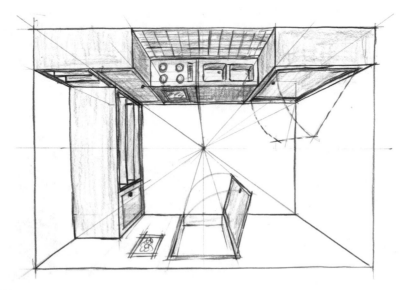

Abb. 17.6 Mücheneinrichtung in Zentralperspektive von oben

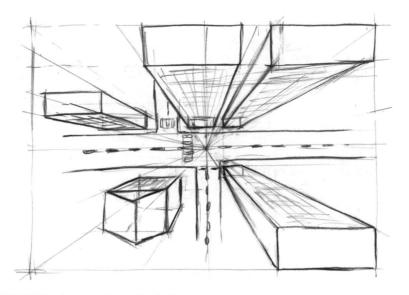

Abb. 17.7 Wolkenkratzer mit Straßen in Zentralperspektive von oben

Natürlich können auch in dieser Vogelperspektive Objekte gedreht oder anders als das Bezugssystem orientiert sein. In Darstellung 17.8 werden drei „Schieflagen" dargestellt. Die schwarzen Linien stellen den Bezugsraum in Zentralperspektive dar. Der rote Zylinder und Quader stehen am Boden. Deren Stirnflächen sind parallel zur Betrachtungsebene und daher nicht verzerrt. Diese können also am Boden gedreht werden, ohne dass sich ihre Form verändert. Bei den Bilderrahmen an der Wand wäre wohl teilweise eine Wasserwaage empfehlenswert gewesen. Die Abb. 17.8 mag vielleicht auf den ersten Blick etwas schwer zu lesen sein. Drehen Sie ggf. das Buch so, dass die jeweilige Wand wie die Tischfläche in Abb. 17.5 vor Ihnen liegt. Dabei werden die gleichen Gesetzmäßigkeiten wie bei den Objekten am Schreibtisch erkennbar. Der „Horizont" ist dabei die jeweils waagrechte Linie durch den zentralen Fluchtpunkt.

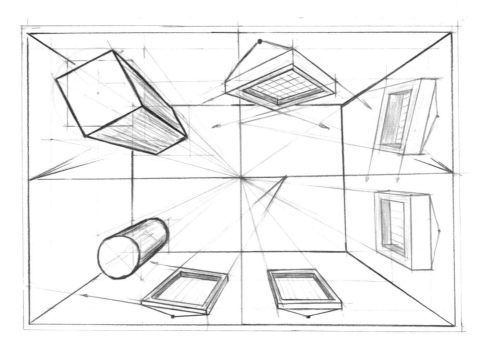

Abb. 17.8 Übungsraum in Zentralperspektive von oben, mit schiefen Bilderrahmen an der Wand, Zylinder und gedrehten Quader am Boden

Eine weitere interessante Anwendung der Ein-Punkt-Perspektive liegt darin, dass mit einfachen Mitteln eine 2D-Skizze in eine 3D-Zentralperspektive umgewandelt werden kann. Frontansichten von kubischen Objekten haben in der Zentralperspektive horizontale und vertikale Hauptlinien. Das heißt, dass beliebige 2D-Geometrien als Frontflächen von Zentralperspektiven gesehen werden können. Es können somit, wie in Abb. 17.9 und 17.10 dargestellt, Skizzen mit verschiedensten zweidimensionalen Geometrien durch die Wahl eines zentralen Fluchtpunktes in dreidimensionale Zentralperspektiven transformiert werden.

Die Zentralperspektive ist beim Skizzieren anfangs vielleicht etwas ungewöhnlich. Aber es lohnt sich, sich mit dieser speziellen Sichtweise zu beschäftigen. Beginnen Sie mit Quader und einfachen Grundkörpern. Wählen Sie dann reale Beispiele. Und drehen Sie ggf. Elemente aus der Zentralperspektive in verschiedene Zwei-Punkt-Perspektiven. Nutzen Sie dabei die dargestellten Beispiele in diesem Kapitel. Sie werden aber sicher auch selbst interessante Situationen aus der Praxis finden.

Abb. 17.9   2D-Skizze von leicht transparenten flachen Elementen ohne und mit „3D-Effekt" mithilfe einer Zentralperspektive

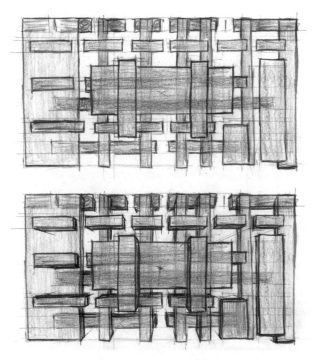

Abb. 17.10 Schild und Pfeil ohne und mit „3D-Effekt". Bei dieser Methode können auch beliebige nicht lineare Geometrien, wie z. B. die Blume, einfach als Zentralperspektive ausgeführt werden

Texte und andere ergänzende Informationen in Skizzen

18

„Ein Bild sagt mehr als 1000 Worte", aber manchmal nicht genug. Bilder haben oft eine hohe Aussagekraft und transportieren damit viele Informationen. Visuelle Informationen erlauben aber auch Interpretationsspielraum und können unter Umständen nicht ausreichend präzise sein. Des Weiteren nehmen nicht alle Menschen Informationen gleich wahr. Die Wahrnehmung kann eher visuell oder textorientiert sein. Daher sind teilweise ergänzende Informationen in Skizzen sinnvoll oder erforderlich. Diese ergänzenden Informationen können sehr verschieden sein. Eine Form wurde bereits im Kap. 15 „Pfeile zum Darstellen von Bewegungen, Kräften, Abläufen usw." vorgestellt. In diesem Kapitel werden weitere Formen wie Texte, Bemaßungen und Symbole erläutert.

18.1 Ergänzungen von Hand und mit digitalen Werkzeugen

Texte sind die häufigste Form, Inhalte einer Skizze zu ergänzen oder zu präzisieren. Je nach Absicht und Detaillierungsgrad können Notizen sehr unterschiedlich angebracht sein (s. Abb. 18.1, 18.2 und 18.3).

Zum Beispiel

- mit Polychromos-Stift
- mit Filzstift (hebt sich gut ab)
- gerade Bezugslinien
- geschwungene Bezugslinien
- Bezugslinien mit Pfeilen
- Bezugslinien mit Punkten
- Blockschrift
- Groß- u. Kleinbuchstaben

P. Gruber, *Skizzieren in Technik und Alltag*, https://doi.org/10.1007/978-3-658-41566-2_18

Abb. 18.1 Verschiedene
Beispiele von handschriftlich
angebrachten Notizen.
Signatur und Datum sind
manchmal auch bedeutungsvoll

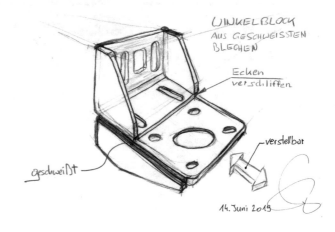

Abb. 18.2 Die Orientierung
der Texte ist an die Perspektive
angepasst

Abb. 18.3 Greifer mit
Werkstück auf Schwenkeinheit,
ergänzt mit skizzierten Pfeilen
und digitalen,
beschreibenden Texten

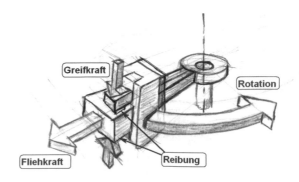

- mit Lineal gerade Unterkante
- an Perspektive angepasst (s. Abb. 18.2)
- digital (s. Abb. 18.3)
- usw.

Ein weiterer Grund für das Anbringen von Ergänzungen kann auch sein, wenn, aus welchem Grund auch immer, die Skizze einfach und ungenau ausgeführt ist (s. Abb. 18.1).

> Mit Stichworten und einfachen Ergänzungen kann in einer Skizze die fehlende Klarheit geschaffen werden.

Das Anpassen von Text an die Perspektive unterstreicht deren Aussage. Das Anpassen von Texten an die Orientierung ist auch erforderlich, wenn Texte auf Elemente der Skizze angebracht sind (s. Abb. 18.2).

Wie schon im Abschn. 3.3 „Digitale Werkzeuge" angeführt, ist eine Kombination von manuell erstellten Skizzen mit digitalen Elementen sinnvoll (s. Abb. 18.3). Die digitalen Werkzeuge können dabei sehr einfach sein. Zum beispiel, paint, FastStone Capture, LibreOffice drawing usw. (s. Abb. 18.3).

Ergänzende, erklärende Symbole können ebenfalls hilfreiche Ergänzungen sein (s. Abb. 18.4).

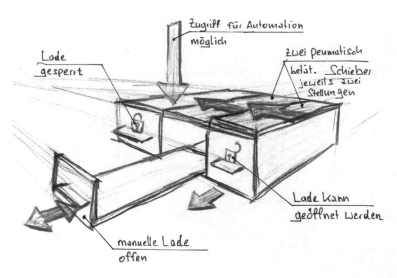

Abb. 18.4 Auszugsladen für Qualitätskontrolle mit integrierten beweglichen Schutzeinrichtungen. Nur bei entsprechender Stellung der Schutzelemente können die Laden geöffnet werden. Die Symbole „Schloss, offen" und „geschlossen" unterstützen die dargestellte Logik

Die Wahl der Art von Ergänzungen hängt von den Anforderungen an die Skizze und dem Zweck der Skizze ab. Des Weiteren kommt es bei diesem Thema auch auf den persönlichen Geschmack an.

▶ **Tipp** Anmerkungen, Pfeile und Ergänzungen haben schon so manche schöne Skizze verdorben. Sicherheitskopien bzw. Scans vor dem Anbringen solcher Elemente können sinnvoll sein.

18.2   Bemaßungen

Speziell in technischen Bereichen sind Bemaßungen etwas Allgegenwärtiges. Beim Skizzieren zeichnet man meist nicht exakt im Maßstab. Mit Bemaßungen kann man Abmessungen trotzdem gut kommunizieren. Bemaßungen können am einfachsten an Normalrissen angebracht werden (s. Abb. 18.5).

Normalrisse haben, wie schon angeführt, den Vorteil, dass Abmessungen einfach kommuniziert werden können. Für das Gesamtverständnis eines Objektes sind diese allein aber häufig nicht ausreichend. Daher ist eine Kombination von Darstellungsformen in vielen Fällen sinnvoll (s. Abb. 18.6). Siehe dazu auch das Kap. 19 „Kombinieren und vereinfachen von Darstellungen".

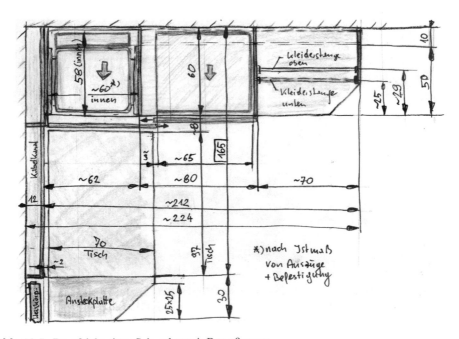

Abb. 18.5 Draufsicht eines Schrankes mit Bemaßungen

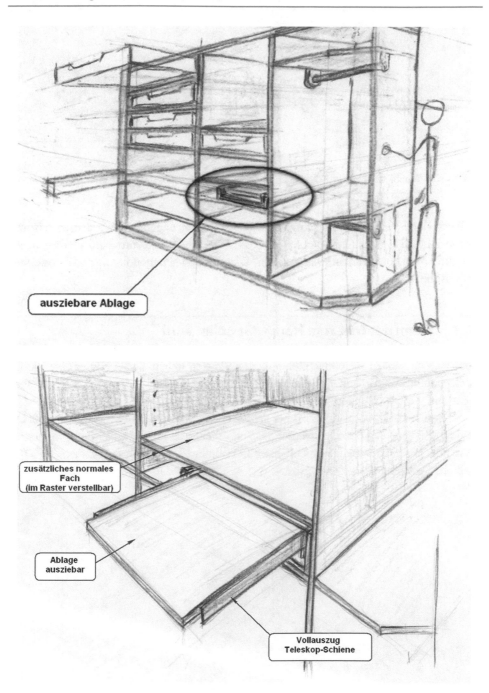

Abb. 18.6 Ergänzende Skizzen zu Abb. 18.5 mit digital angebrachten Notizen. Für eine ausreichende Beschreibung kann eine Kombination von mehreren Skizzen in verschiedenen Darstellungsformen erforderlich sein

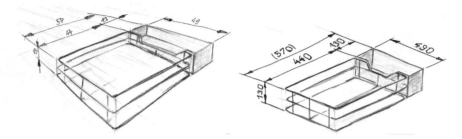

Abb. 18.7 Schubladenkorb in 3D-Skizze bemaßt. Beim Bemaßen in Perspektiven sind isometrische Darstellungen zu bevorzugen

Wenn Bemaßungen an perspektivischen Darstellungen angebracht werden, sind isometrische Parallel-Perspektiven empfehlenswert. Wie schon angesprochen, bleiben in der Isometrie die Größenverhältnisse erhalten. Was für Bemaßungen naturgemäß vorteilhaft ist (s. Abb. 18.7).

18.3   Wenn der Text zum Hauptdarsteller wird

Texte an sich können auch im Mittelpunkt von Skizzen stehen. Dabei gibt es eine Vielfalt an Gestaltungsmöglichkeiten. In den Abb. 18.8, 18.9 und 18.10 sind Einige beispielhaft angeführt.

Werden Texte als vollwertige Körper dargestellt, können verschiedene Schatten als Gestaltungselement eingebunden werden. Schlagschatten können die Wirkung unterstreichen, aber auch die Wirkung von einer Skizze ungünstig beeinflussen (s. Abb. 18.10). – Probieren, und entscheiden Sie selbst.

Abb. 18.8 Einfache Schatten an den Buchstaben erzeugen einen räumlichen Effekt

Abb. 18.9 Text als
räumliche Körper

Abb. 18.10 Buchstaben als vollwertige Körper, mit verschiedenen Schattierungen

18.4   Darstellung von Prozessen, Abläufen und dergleichen

In Verbindung mit Pfeilen, einfachen geometrischen Objekten und Texten lassen sich Prozesse und Abläufe gut und einfach darstellen. Diese können aus verschiedenen Themenbereichen wie Verfahrenstechnik, Informations- u. Datenfluss (s. Abb. 18.11 und 18.12), chemische oder physikalische Abläufe usw. kommen.

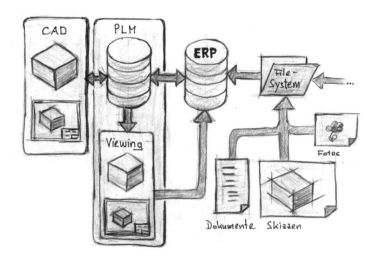

Abb. 18.11 Beispielhaftes Schema einer Datenlandschaft im Umfeld eines ERP-Systems. Kurze Begriffserklärungen dazu: Ein ERP-System (Enterprise Resource Planning) ist eine Softwarelösung, für die Planung, Steuerung und Kontrolle der unternehmerischen und betrieblichen Abläufe. Ein PLM-System (Product Lifecycle Management) unterstützt Unternehmen dabei, den gesamten Lebenszyklus eines Produkts zu verwalten und zu optimieren. CAD steht für „Computer Aided Design" und bezeichnet die Nutzung von computergestützter Technologie zur Erstellung, Modifikation und Optimierung von technischen Zeichnungen und 3D-Modellen

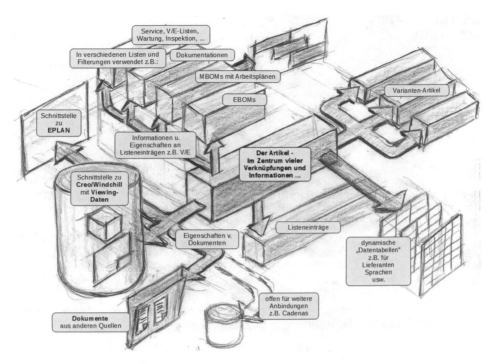

Service, V/E-Listen, Wartung, Inspektion, ...

In verschiedenen Listen und Filterungen verwendet z.B.:

Dokumentationen

MBOMs mit Arbeitsplänen

EBOMs

Varianten-Artikel

Schnittstelle zu **EPLAN**

Informationen u. Eigenschaften an Listeneinträgen z.B. V/E

Der Artikel - im Zentrum vieler Verknüpfungen und Informationen ...

Schnittstelle zu **Creo/Windchill** mit **Viewing-Daten**

Listeneinträge

Eigenschaften v. Dokumenten

dynamische „Datentabellen" z.B. für Lieferanten Sprachen usw.

offen für weitere Anbindungen z.B. Cadenas

Dokumente aus anderen Quellen

Abb. 18.12 Isometrische Darstellungen können, wie bereits angeführt, in allen Richtungen bei gleichen Bedingungen erweitert werden. Was, wie bei diesem Beispiel eines dreidimensionalen Datenflussdiagramms, sehr hilfreich ist. Bei etwas komplexeren Schemen fördern digitale Texte gegenüber handschriftlichen Anmerkungen die Klarheit der Skizze

18.5   Skizzieren unterstützt allgemein beim Denken

Ein leeres Blatt Papier und ein Stift sind immer gute Begleiter beim Nachdenken (s. Abb. 18.13). Durch die visuelle Komponente können Gedanken besser geordnet und Klarheit geschaffen werden.

Abb. 18.13 JA – DU – LIEBE – ZEIT

18.6   Ergänzende Beispiele als Übungsanregung

Der Bedarf an ergänzenden Informationen in Skizzen ist so vielfältig wie das Skizzieren selbst. In den Abb. 18.14, 18.15, 18.16 und 18.17 sind ergänzend einige Beispiele als Anregung angeführt.

Mit 2D-Skizzen in Verbindung mit textuellen Beschreibungen können Lösungen effizient gefunden, dargestellt, analysiert und kommuniziert werden. Damit können bereits viele Themen mit anderen Personen, wie Kunden, Fertigung, Montage usw., abgestimmt werden, bevor mit der eigentlichen Konstruktion am CAD begonnen wird. Wenn, wie in Abb. 18.17, relativ viel Text in der Skizze ergänzt wird, bieten digitale Werkzeuge einige Vorteile. Umfangreichere Texte in einer Skizze wirken für den Betrachter in digitaler Form klar und übersichtlich. Siehe dazu auch Abschn. 3.3 „Digitale Werkzeuge".

Abb. 18.14 Konzeptskizze zur Beschreibung von Sicherheitsbereichen bei der Annäherung an ein Automatisierungssystem ohne mechanischen Schutz. Die beschreibenden Texte folgen dabei der Perspektive

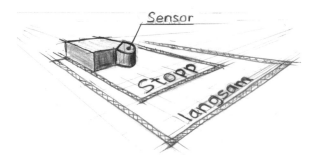

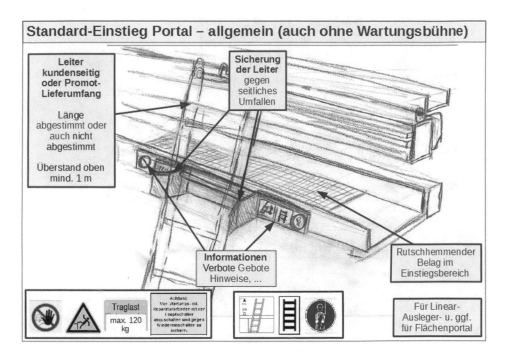

Abb. 18.15 Sicherheitseinstieg in Wartungsbereich von Portalroboter. Skizze in Zwei-Punkt-Perspektive kombiniert mit digitalen Texten und Grafiken. Kombinationen von manuellen Skizzen und digitalen Ergänzungen lassen Skizzen professionell wirken und sind bei der Präsentation von Ideen wirkungsvoll

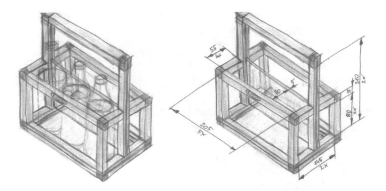

Abb. 18.16 Tragehilfe für Getränkeflaschen, bemaßt in isometrischer Darstellung

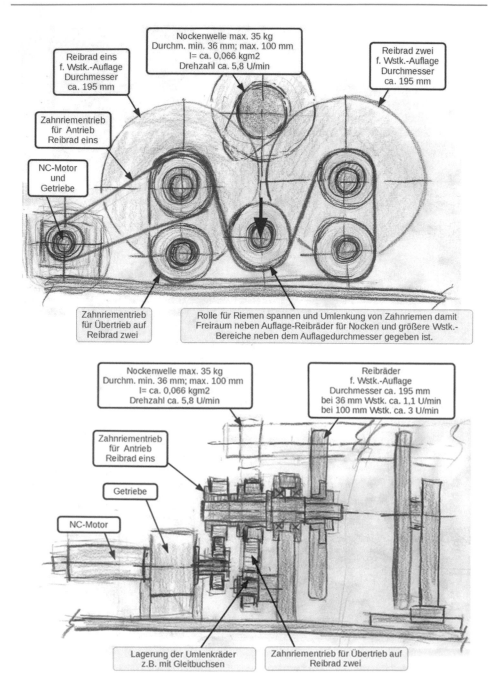

Abb. 18.17 Angetriebene Auflage für das rotatorische Positionieren von Nockenwellen. In diesem Fall konnte die Thematik durch 2D-Skizzen mit textuellen Beschreibungen so genau beschrieben werden, dass die wesentlichen Punkte bereits vor der Konstruktion am CAD-System abgestimmt werden konnten

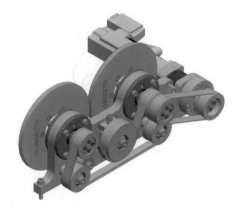

Abb. 18.17 (Fortsetzung)

Kombinieren und vereinfachen von Darstellungen

19

Im Kap. 2 „Theoretisch betrachtet – Verschiedene Darstellungsformen" wurden verschiedene Darstellungsformen erläutert. Jede dieser Darstellungsformen hat besondere Vorzüge. Um ein Objekt oder eine Situation ausreichend zu beschreiben, kann eine Kombination von Darstellungen sinnvoll sein. Insbesondere, wenn mehrere Skizzen erstellt und verglichen werden sollen, ist ein effizientes Skizzieren wichtig. In diesem Kapitel werden daher auch einige Tipps zu Vereinfachungen in Skizzen beschrieben.

19.1 Perspektiven und/oder 2D-Skizzen

Perspektivische und 2D-Darstellungen ergänzen sich hervorragend für umfassende Beschreibungen. Manchmal ist es ein Prozess von einfacheren Normalrissen zu einer perspektivischen Darstellung. Es kann aber auch umgekehrt hilfreich sein, aus einer perspektivischen Skizze Details, Funktionen, Abläufe usw. in 2D-Skizzen ergänzend hervorzuheben.

Vorwiegend bei fachspezifischen Themen ist folgender Effekt zu beobachten: Für den Ersteller der Skizze, welcher fachlich im Detail versiert ist, ist mit einfachen 2D-Skizzen alles klar. Für den Betrachter hingegen sind für das Verständnis ergänzende perspektivische Skizzen erforderlich (s. Abb. 19.1).

> Beim Skizzieren immer auch an die Zielgruppe denken. Welche Darstellungen benötigen die Betrachter, um die gewünschten Informationen verstehen zu können.

© Der/die Autor(en), exklusiv lizenziert an Springer Fachmedien Wiesbaden GmbH, ein Teil von Springer Nature 2023
P. Gruber, *Skizzieren in Technik und Alltag*, https://doi.org/10.1007/978-3-658-41566-2_19

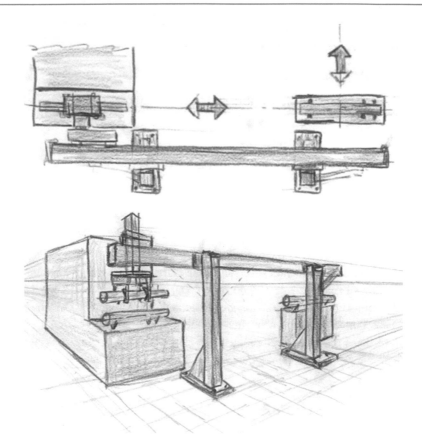

Abb. 19.1 Portalroboter mit „Pick and Place Funktion" zwischen Maschine und Station. Für Mitarbeiter, welche aktiv am Projekt arbeiten, mag die 2D-Skizze vielleicht das Wesentliche aussagen. Durch die Pfeile ist ergänzend der Materialfluss beschrieben. Für andere Betrachter wie Kunden ist die 2D-Skizze eventuell zu wenig verständlich. In Kombination der beiden Skizzen ist das Objekt verständlich beschrieben

Die Wirkung und die Informationen der verschiedenen Darstellungsformen können unterschiedlich sein. Beim Beispiel eines Manipulators in Abb. 19.2 werden diese wie folgt verwendet:

• Zwei-Punkt-Perspektive: Eindruck der Größenverhältnisse, Grundform, Bedienung usw.
• Isometrie: Darstellung der Freiheitsgrade
• Normalriss: Schnittansicht mit Details und textuellen Beschreibungen

Auch wenn ein Objekt durch Normalansichten an sich ausreichend beschrieben ist, ist eine ergänzende perspektivische Darstellung für den Betrachter unterstützend (s. Abb. 19.3).

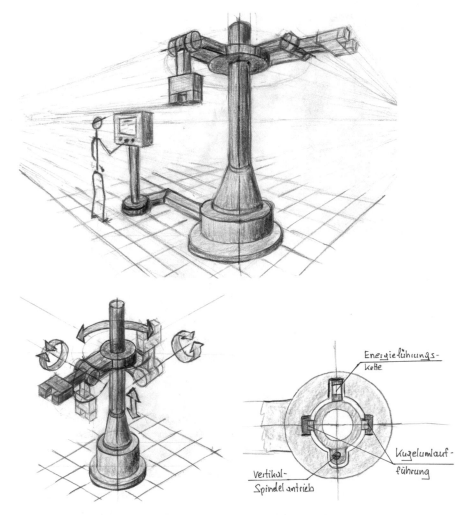

Abb. 19.2   Manipulator mit mehreren Darstellungsformen beschrieben

Besonders wenn man neue Ideen und Konzepte „verkaufen" will, ist es wichtig den Betrachter zu erreichen. Auch wenn die Gedanken und Skizzen noch sehr „roh" sind, kann
man mit Kombinationen von Darstellungen bereits vieles an Information vermitteln
(s. Abb. 19.4 und 19.5). Siehe dazu auch Kap. 21 „Zielgruppen erreichen und begeistern".

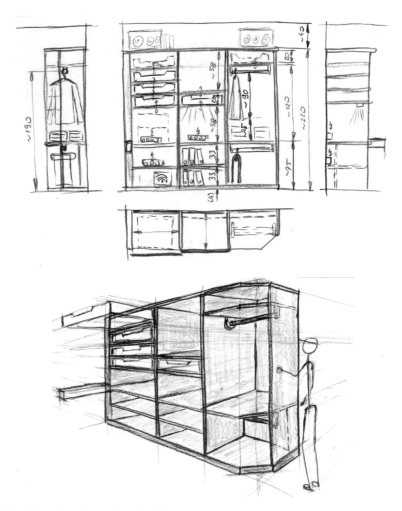

Abb. 19.3 Schrank in bemaßter 2D-Skizze und ergänzend in Zwei-Punkt-Perspektive. *Anmerkung:* Wie schon im Kap. 3 „Werkzeuge, Material und nützliche Hilfsmittel" angeführt, sieht man auch hier, dass dunklere Farben besser für das Skizzieren geeignet sind, da die Linien besser und klarer dargestellt werden

Aber nicht nur für grobe Konzepte, auch für das Erarbeiten von Detaillösungen sind Kombinationen von verschiedenen Skizzen extrem hilfreich, z. B. auch in Form von Explosionsansichten (s. Abb. 19.6).

2D-Skizzen in Verbindung mit perspektivischer Skizze und digitalen Notizen sind Kombinationen, welche in Summe sehr aussagekräftig sind (s. Abb. 19.7).

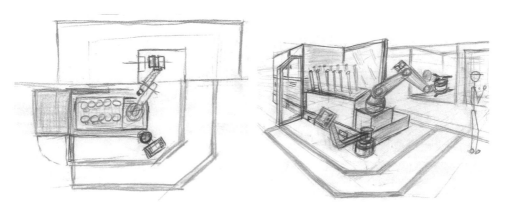

Abb. 19.4 Roboterzelle zum Beladen einer Drehmaschine mit Magazin und Sicherheitslaserscanner

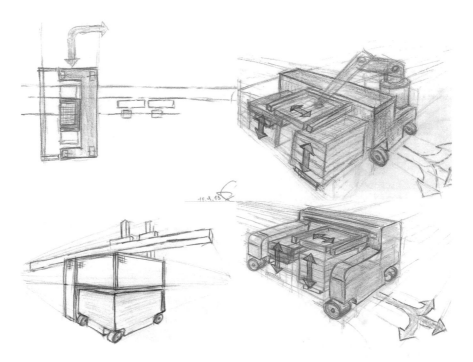

Abb. 19.5 Transportsystem mit integriertem Stapelsystem und optional mitfahrenden Roboter

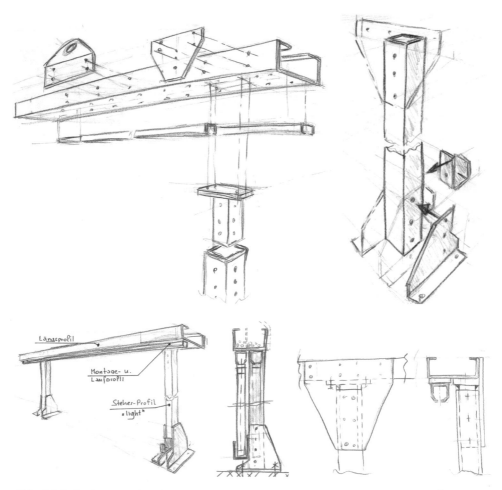

Abb. 19.6 Basisgestell für die Aufnahme von Schutzelementen. Beschrieben durch Übersichts- und Detailansichten, ergänzt mit Explosionsdarstellungen

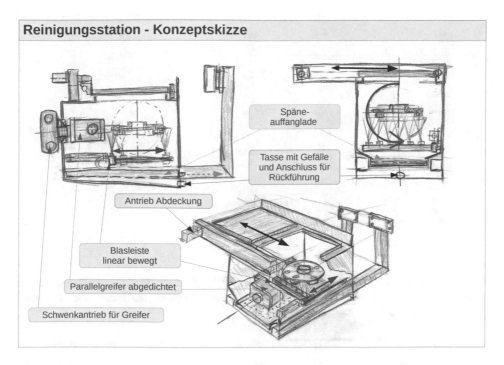

Reinigungsstation - Konzeptskizze

Späne-
auffanglade

Tasse mit Gefälle
und Anschluss für
Rückführung

Antrieb Abdeckung

Blasleiste
linear bewegt

Parallelgreifer abgedichtet

Schwenkantrieb für Greifer

Abb. 19.7 Konzept für Reinigungsstation. Umfangreiche Beschreibung durch Darstellungen in 2D und 3D ergänzt mit digitalen Anmerkungen

19.2 Darstellungen vereinfachen

Werden, wie im vorigen Kapitel beschrieben, mehrere Skizzen für ein Objekt benötigt, oder möchte man mehrere Varianten vergleichen (s. Abschn. 20.2 „Mit Skizzen effizient Varianten visualisieren und vergleichen"), ist es wichtig Skizzen vereinfacht und effizient erstellen zu können.

Profile vereinfachen
Eine hilfreiche Vereinfachung ist zum Beispiel, Profilrohre von Gestellen nur als hervorgehobene Linie darzustellen. Der Informationsgehalt der Skizze wird dadurch kaum verringert, insbesondere wenn wie in Abb. 19.8 die Profilform in einer anderen Ansicht dargestellt ist.

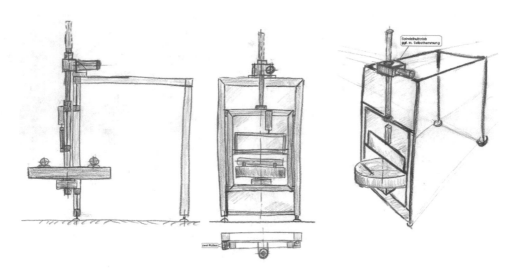

Abb. 19.8 Konzept für Prüfstation mit höhenverstellbarem Drehtisch. Vereinfachte Darstellung des Grundgestelles in der perspektivischen Ansicht. Profilrohre werden nur als dicker Strich dargestellt

▶   **Tipp** Durch das einfache Unterbrechen von Profilen u. dgl., welche von anderen Geometrien im Vordergrund verdeckt werden, unterstützt man die Lesbarkeit der Skizze (siehe perspektivische Ansicht in Abb. 19.8).

Dünne Körper vereinfachen
Wie schon im Kap. 15 „Pfeile zum Darstellen von Bewegungen, Kräften, Abläufen usw." angeführt, ist es effizient, die Stirnflächen von dünnen Körpern vereinfacht als stärkere Linien hervorzuheben (s. Abb. 19.9, 19.10 und 19.11).

Das Vereinfachen bringt besonders bei Teilungen und Muster eine große Effizienzsteigerung (s. Abb. 19.11). Bei der Vereinfachung in dieser Art ist ein dickerer Filzstift für die stark ausgezogenen Linien hilfreich.

Einfache 2D-Skizzen
Auch einfache 2D-Skizzen sollen möglichst klar und ansprechend ausgeführt werden. Das Ausfüllen von Flächen und saubere Beschriftungen sind dabei wichtige Elemente (s. Abb. 19.12).

Skizzieren heißt vereinfachen. Je nach Aufgabe und Situation ist es unterschiedlich, welcher Detaillierungsgrad sinnvoll oder ausreichend ist, um die wichtigsten Aussagen der Skizze gut darzustellen.

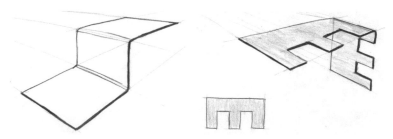

Abb. 19.9 Die Stirnflächen der Blechteile werden nur als dicke Linien dargestellt

Abb. 19.10 Durch das
Hervorheben und Ergänzen
einiger wenigen Linien wird
aus dem vollen Körper schnell
und einfach eine Kiste
mit Deckel

Abb. 19.11 Vergleich von
vereinfachter und nicht
vereinfachter Darstellung
bei Muster

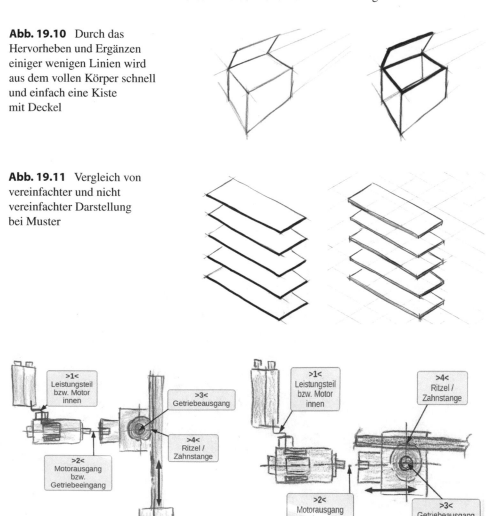

Abb. 19.12 Vereinfachte schematische Darstellung eines vertikalen und horizontalen Zahnstangentriebes

Skizzieren als Kreativ- und Entscheidungsmethode

20

Wie bereits im Kap. 1 „Skizzieren ist mehr" angeführt, ist Skizzieren eine kreative und wertschöpfende Tätigkeit. Daher ist es naheliegend, es in Konstruktions-, Produktentwicklungs- oder Entscheidungsprozesse bei Bedarf einzubinden.

20.1 Das Skizzieren im Produktentstehungsprozess

Es liegt in der Natur vom Skizzieren, dass es vorwiegend am Anfang des Konstruktions- u. Produktentwicklungsprozesses steht (Stichwort „Frontend"). In Abb. 20.1 ist beispielhaft ein Konstruktionsprozess mit Einbindung vom Skizzieren dargestellt.

Besonders am Anfang einer Produktentwicklung ist wichtig, dass man mit wenig Aufwand und Kosten noch flexibel und offen in der Lösungsfindung ist. In dieser Phase wird ein wesentlicher Anteil der Produkteigenschaften und der Kosten beeinflusst. Wenn ein Produkt bereits im CAD konstruiert wird, sind Änderungen erfahrungsgemäß mit mehr Aufwand verbunden.

Das Skizzieren kann ein wesentlicher Beitrag zum wirtschaftlichen Gelingen eines Produktes sein.

© Der/die Autor(en), exklusiv lizenziert an Springer Fachmedien Wiesbaden
GmbH, ein Teil von Springer Nature 2023
P. Gruber, *Skizzieren in Technik und Alltag*, https://doi.org/10.1007/978-3-658-41566-2_20

	Fragen, Themen, ...	Tools	Bemerkungen,Abeitsweis
Klären, Planen	**Anforderungen** klar?		
	Knackpunkte, Risiken, ...?		
	Vorschriften, Lastenhefte, ...?		
	Schnittstellen, Randbedingungen, ...?		
	Termine, Dringlichkeit, Meilensteine, ...?		
	Stunden, Kosten, Aufwände, Materialkosten, ...?		
Konziperen	**Lösungsprinzipien, Varianten(!), ...** ➡ Skizzen		erstellen u. kommunizieren!
	Was verwenden? - Was neu?		
	CAD grobe Struktur mit Skeletten	CAD	
	CAD-Dummys, CAD bestehende Lösungen, ...		
Entwerfen	Struktur (CAD, technisch, ...), Skelette, ...	CAD	speichern
	Kernkonstruktion machen (vorwiegend Top-		u. hochladen
	Berechnungen nach Bedarf machen	div. Tools	
	Risikobeurteilung anlegen, grob aufbereiten	Excel, Docufy	
	Ggf. Zwischen-Freigaben von Kunde		dazu ggf. Bereiche einchecken freigeber
Ausarbeiten	Bottum-up- / Top-down-Ausarbeitung		
	Konstruktiv ausarbeiten:		
	Bohrungen, Normteile, Toleranzen, Rundungen, Fasen,	CAD	
	Alle Bauteile, Zukaufteile, Normteile, usw. in		alles hochladen
	Organisatorisch ausarbeiten:	CAD und CMV	
	Alle Baugruppen u. Teile initialisieren,	(CAD-Model-	
	Massen, Oberflächen, Parameter, ... Creo<->Pros	Verwaltung)	
	Zeichnungen machen, ...		
	Stückliste machen	CAD <-> ProSys	
	Risikobeurteilung machen	Excel, Docufy	
Kontrollieren	**Baugruppe mit Zeichungen kontrollieren**	CAD	einchecken, freigeben
	Teile mit Zeichungen kontrollieren		
	Bottum-Up freigeben, ...	CAD u. CMV	
	Artikel, Stückliste und Markierungen in	ProSys	
	ProSys kontrollieren		
	Risikobeurteilung kontrollieren	Excel, Docufy	

Abb. 20.1 Beispiel eines Konstruktionsprozesses. Skizzieren als effizientes Werkzeug, um an wichtigen Entscheidungspunkten (siehe z. B. Pfeil) Lösungsvarianten zu visualisieren und zu vergleichen

20.2   Mit Skizzen effizient Varianten visualisieren und vergleichen

Das visuelle Vergleichen von Lösungsvarianten ist ein wesentlicher Aspekt des Skizzierens.

Es können einfache Teile, Baugruppen, Funktionen bis hin zu ganzen Systemen verglichen werden. Die Abb. 20.2, 20.3, 20.4, 20.5, 20.6, 20.7 und 20.8 zeigen verschiedene Anwendungen aus der Technik.

Die Abb. 20.6 und 20.7 zeigen, dass Lösungen in Tabellen eingebunden, und mit anderen Grafiken und Fotos kombiniert werden können. Bei diesen beiden Beispielen geht es nicht um den genauen Inhalt, sondern um die Methode, Varianten strukturiert zu analysieren und zu vergleichen.

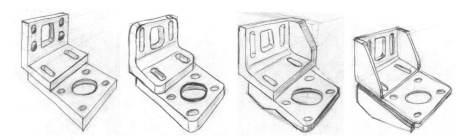

Abb. 20.2   Winkel in verschiedenen Fertigungsvarianten

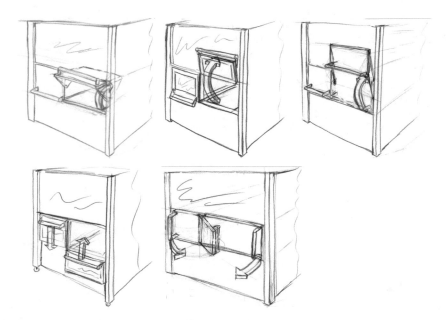

Abb. 20.3   Schutztür mit verschiedenen Öffnungsmechanismen

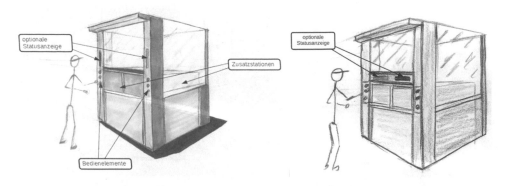

Abb. 20.4   Vergleich von Statusanzeige in Verbindung mit Bedienkonzept

Abb. 20.5   Vergleich von 3-Achs- und 4-Achs-Roboter mit verschiedenen Bewegungsmechanismen

Varianten Schutz bei offener Tür >	System-aufnahme mit Tür u. "ohne Schutz"	System-aufnahme mit Tür u. "autom. Teil-Tunnel"	System-aufnahme mit Tür "autom. Schiebe Deckel"	System-aufnahme mit "autom. Schiebe-schutz" Höhe Trennwand angepasst	System-aufnahme mit "autom. Klapp-Deckel."	System-aufnahme mit Tür "autom. Teleskoptunnel"	System-aufnahme mit Tür u. "autom. Tunnelklappe"	System-aufnahme mit Tür u. "autom. Rollschutz"	Weitere Sonderlösungen f. System-aufnahme mit Tür autom. Gesamt-Tunnel ....
Bild Skizze	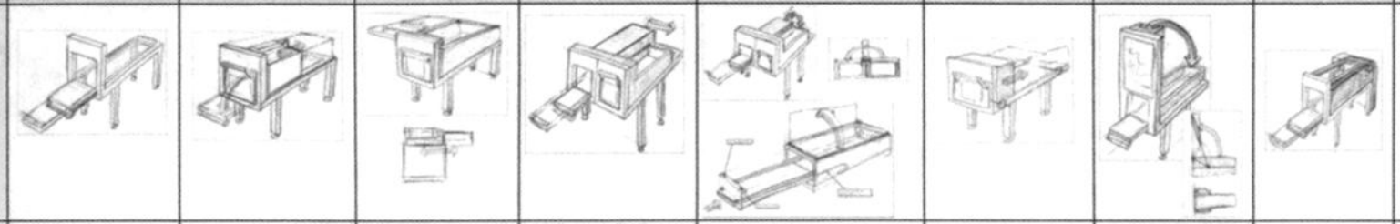								z.B. Faltdeckel usw.
Vorteile	Mechanisch geringe Materialkosten und Konstruktions-aufwand	Freier Bereich auch seitlich frei	Großteil der Tiefe nutzbar. Antrieb einfach umzusetzen.	Großteil der Tiefe nutzbar. Platzsparend bei Zweifach-Lade und Antrieb einfach umzusetzen. Es könnten bei gleicher Türhöhe verschiedene Trennwandhöhen gemacht werden.	Großteil der Tiefe nutzbar. Kinematik Könnte für Einzel und Zweifachladen angewendet werden.	Großteil der Tiefe nutzbar, und seitlich frei	Großteil der Tiefe und seitlich frei. Kinematik könnte für Einzel und Mehrfachladen angewendet werden.		
Nachteile	"Safety-total" erforderlich. Aufwand bei jeder Anlage für ASW.	Nicht geeignet, wenn Großteil der Tiefe nutzbar sein soll.	Zugriff für Atomation seitlich nicht frei. Platzbedarf bei Einzelladen	Nur bei Doppelladen platzsparend	Störkontur bei Einzelladen. Seitlich nicht frei	mech. Aufwendig	Antrieb für Deckel aufwendig, Störkonturen	Zugriff für Atomation seitlich nicht frei. Kosten bzw. Machbarkeit, wenn Durchschlagsich er.	Störkonturen f. Automatisierung. Insbesondere, wenn mehrere Laden nebeneinader Störkonturen seitlich

Abb. 20.6   Systematische Vergleichstabelle von Schutzmechanismen

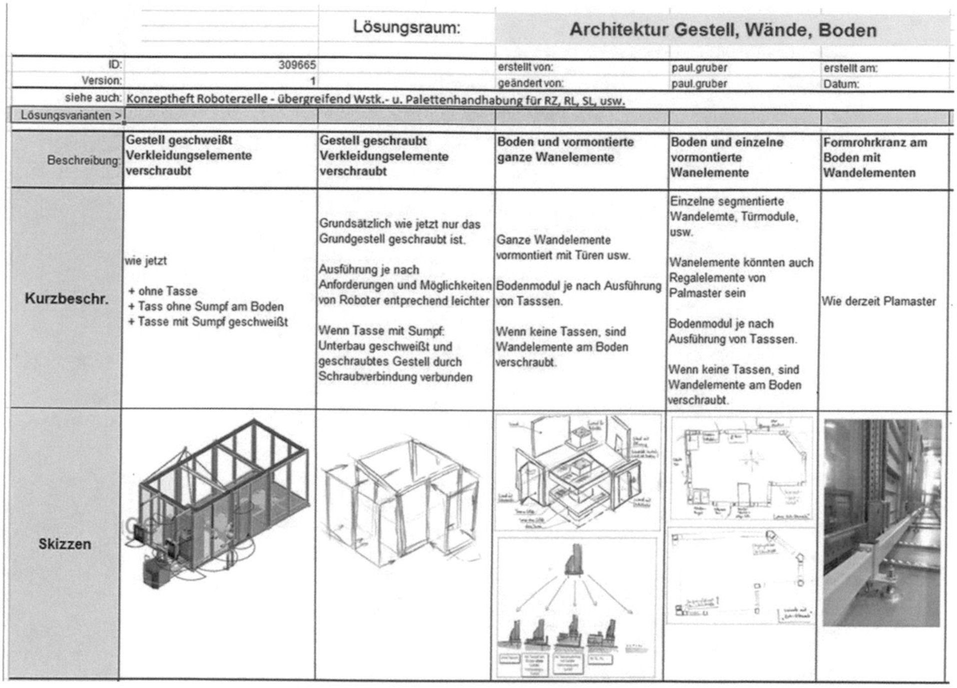

		Lösungsraum:	Architektur Gestell, Wände, Boden			
ID:	309665		erstellt von:	paul.gruber	erstellt am:	
Version:	1		geändert von:	paul.gruber	Datum:	
siehe auch:	Konzeptheft Roboterzelle - übergreifend Wstk.- u. Palettenhandhabung für RZ, RL, SL, usw.					
Lösungsvarianten >						
Beschreibung:	Gestell geschweißt Verkleidungselemente verschraubt	Gestell geschraubt Verkleidungselemente verschraubt	Boden und vormontierte ganze Wanelemente	Boden und einzelne vormontierte Wanelemente	Formrohrkranz am Boden mit Wandelementen
Kurzbeschr.	wie jetzt + ohne Tasse + Tass ohne Sumpf am Boden + Tasse mit Sumpf geschweißt	Grundsätzlich wie jetzt nur das Grundgestell geschraubt ist. Ausführung je nach Anforderungen und Möglichkeiten von Roboter entprechend leichter Wenn Tasse mit Sumpf: Unterbau geschweißt und geschraubtes Gestell durch Schraubverbindung verbunden	Ganze Wandelemente vormontiert mit Türen usw. Bodenmodul je nach Ausführung von Tasssen. Wenn keine Tassen, sind Wandelemente am Boden verschraubt.	Einzelne segmentierte Wandelemte, Türmodule, usw. Wanelemente könnten auch Regalelemente von Palmaster sein Bodenmodul je nach Ausführung von Tasssen. Wenn keine Tassen, sind Wandelemente am Boden verschraubt.	Wie derzeit Plamaster
Skizzen					

Abb. 20.7 Systematische Vergleichstabelle von Schutzverkleidungen für Roboterzellen

Abb. 20.8 zeigt den Baugruppenvergleich einer Reinigungsstation für Kurbelwellen in zwei Varianten. Dieses Beispiel soll zeigen, dass mithilfe einer Kombination von mehreren Skizzen in Verbindung entsprechenden Beschreibungen, Lösungen schon sehr detailliert verglichen und bewertet werden können, ohne dass eine CAD-Konstruktion erstellt werden muss.

Anmerkung Wie schon mehrfach angeführt, kann beim Erstellen von Varianten Durchpausen eine einfache aber effiziente Unterstützung sein.

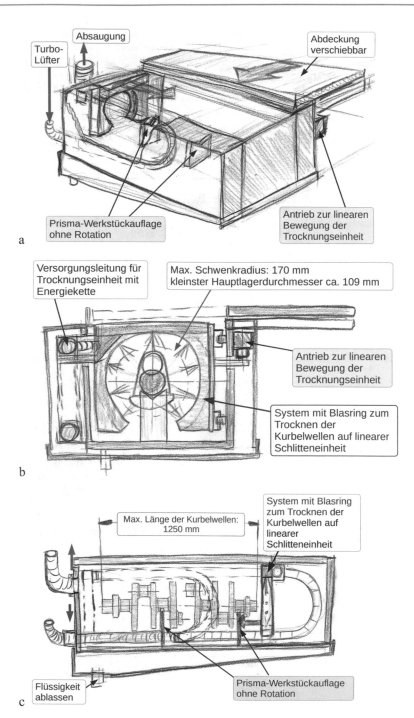

Abb. 20.8 Vergleich einer Reinigungsstation für Kurbelwellen in zwei Varianten
(**a**) bis (**c**) Beweglicher Reinigungsschlitten bei ruhender Kurbelwelle
(**d**) bis (**f**) Seitliche Blasvorrichtung mit rotierender Kurbelwelle

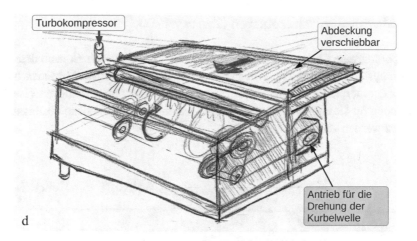

Turbokompressor

Abdeckung
verschiebbar

Antrieb für die
Drehung der
Kurbelwelle

d

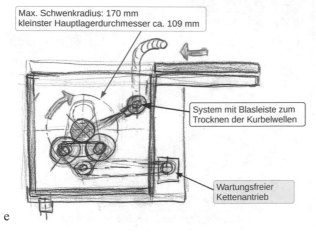

Max. Schwenkradius: 170 mm
kleinster Hauptlagerdurchmesser ca. 109 mm

System mit Blasleiste zum
Trocknen der Kurbelwellen

Wartungsfreier
Kettenantrieb

e

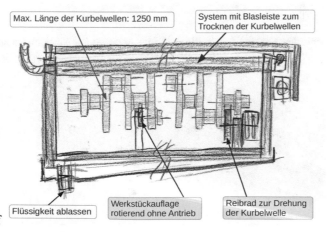

Max. Länge der Kurbelwellen: 1250 mm

System mit Blasleiste zum
Trocknen der Kurbelwellen

Flüssigkeit ablassen

Werkstückauflage
rotierend ohne Antrieb

Reibrad zur Drehung
der Kurbelwelle

f

Abb. 20.8 (Fortsetzung)

20.3   Morphologischer Kasten (Zwicky-Box)

Der morphologische Kasten ist eine systematische Kreativitätstechnik nach dem Schweizer Astrophysiker Fritz Zwicky (1898–1974). Die mehrdimensionale Matrix bildet das Kernstück der morphologischen Analyse. Das Skizzieren hilft beim schnellen Visualisieren der Lösungen für die einzelnen Teilfunktionen, welche für verschiedene Lösungsvarianten kombiniert werden können (s. Abb. 20.9).

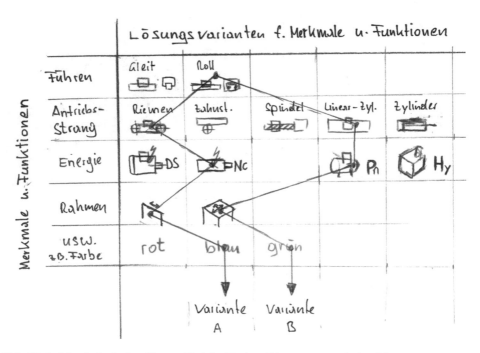

Abb. 20.9 Morphologischer Kasten (Zwicky-Box) zu Linearsystem mit Antriebsstrang

Zielgruppen erreichen und begeistern 21

Wie schon am Anfang des Buches angeführt, gibt es sehr unterschiedliche Auslöser und Absichten für Skizzen. Die Ausführung einer Skizze hängt von der Absicht und der Zielgruppe ab. Dabei gilt es, mögliche Betrachter möglichst direkt zu erreichen und zu begeistern. In diesem Kapitel werden dazu Beispiele mit verschiedenen Stilen, Darstellungsformen, Oberflächen und Schatten gezeigt.

21.1   Verschiedene Ausführungsgrade einer Skizze

Einerseits möchte man die beabsichtigen Betrachter begeistern, andererseits ist es in vielen Situationen auch wichtig effizient, also mit dem „richtigen" Zeitaufwand, das erforderliche Ergebnis zu erzielen.

> Eine Skizze muss einen ausreichenden Ausführungsgrad haben, damit die gewünschte Absicht mit Blick auf die Zielgruppe erreicht werden kann.

In den Abb. 21.1, 21.2, 21.3 und 21.4 werden verschiedene Ausführungsgrade zum Vergleich dargestellt.

Die Abb. 21.4 zeigt verschiedene Arten der Textergänzungen in manueller und digitaler Form.

Entscheiden Sie selbst, welchen Ausführungsgrad und Stil Sie situationsbedingt anwenden möchten.

P. Gruber, *Skizzieren in Technik und Alltag*, https://doi.org/10.1007/978-3-658-41566-2_21

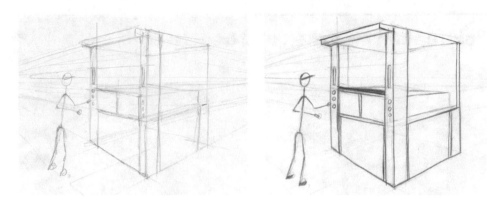

Abb. 21.1 Wenn die Darstellungen wie hier mit Polychromos-Stifte ausgezogen ist, ist die Basis gelegt. Eigentlich sind damit die wesentlichsten Elemente gezeigt, und man kann über die Lösung schon kommunizieren

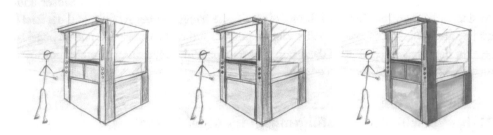

Abb. 21.2 Eigenschatten sind, wie schon im Kap. 11 „Licht und Schatten" angeführt, immer zu empfehlen. Damit lässt sich bereits mit wenig Aufwand eine Verbesserung der Wirkung erzielen. Inwieweit man dabei mit Farben arbeitet, ist eine Frage des Geschmackes. In der Technik sollte man mit Farben eher sparsam umgehen. Auch die Wahl der Stifte, wie hier Polychromos- und Copic-Stifte, beeinflusst die Wirkung

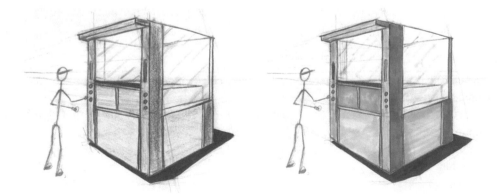

Abb. 21.3 Eigenschatten mit Polychromos- und Copic-Stifte aufgebracht. Schlagschatten lassen eine Skizze räumlicher wirken. Vor dem Anbringen ggf. eine Kopie machen, damit die Wirkung der Schatten geprüft werden kann

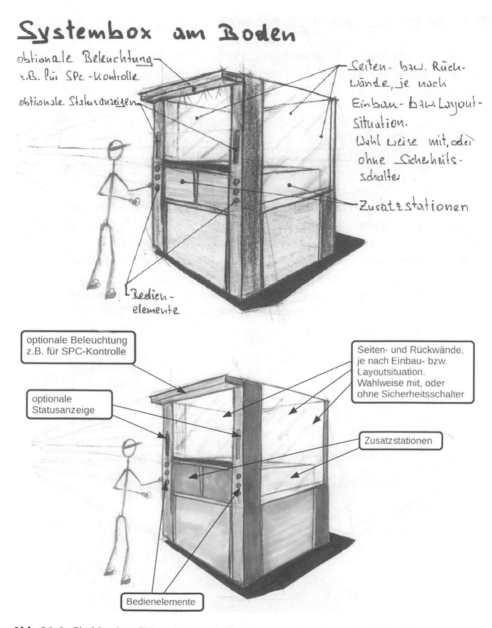

Systembox am Boden

optionale Beleuchtung z.B. für SPC-Kontrolle

optionale Statusanzeigen

Bedienelemente

Seiten- bzw. Rückwände, je nach Einbau- bzw. Layout-Situation. Wahlweise mit, oder ohne Sicherheits-schalter

Zusatzstationen

optionale Beleuchtung z.B. für SPC-Kontrolle

optionale Statusanzeige

Bedienelemente

Seiten- und Rückwände, je nach Einbau- bzw. Layoutsituation. Wahlweise mit, oder ohne Sicherheitsschalter

Zusatzstationen

Abb. 21.4 Sind in einer Skizze informelle Ergänzungen wie Texte erforderlich, können diese von Hand oder ggf. digital ergänzt werden

21.2   Ansprechende Darstellungsformen wählen

Das Ziel ist, wie in Abschn. 19.1 „Perspektiven und/oder 2D-Skizzen" angeführt, dass die gewünschten Informationen für die Zielgruppe verständlich dargestellt werden. Ergänzend dazu wird hier noch ein weiterer Aspekt angeführt:

> Die Darstellungsform beeinflusst nicht nur den Charakter der Skizze, sondern auch die Wirkung des Produktes bzw. des Inhalts an sich.

Will man sachliche Informationen oder auch Emotionen vermitteln? Insbesondere bei perspektivischen Darstellungen sind mehrere Dinge zu überlegen. Parallel- oder Fluchtpunktperspektive? Bei Fluchtpunktperspektiven sind der Horizont und die Fluchtpunkte festzulegen. In den Abb. 21.5 und 21.6 werden an jeweils annähernd gleichen Objekten verschiedene Perspektiven verglichen.

Entscheiden Sie, welche Darstellungen Sie am ansprechendsten finden. Experimentieren Sie selbst mit verschiedenen Perspektiven von einem Objekt. Holen Sie sich dabei auch, wenn möglich, Feedback ein.

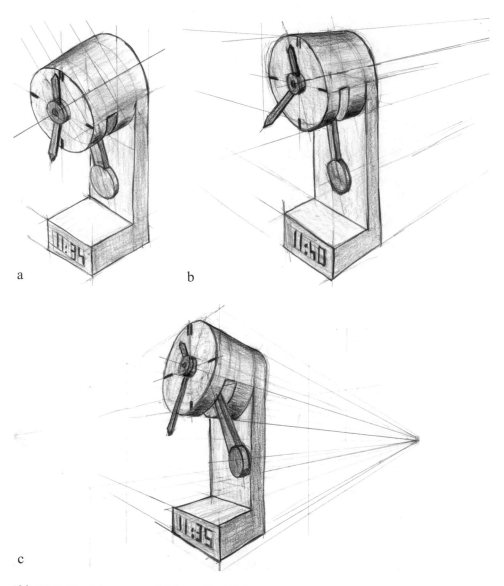

Abb. 21.5 Standuhr aus verschiedenen Perspektiven
(a) Isometrische Perspektive
(b) Zwei-Punkt-Perspektive mit Horizont oben und relativ großem Abstand der seitlichen Fluchtpunkte
(c) Zwei-Punkt-Perspektive mit Horizont ca. in der Mitte und engen Fluchtpunkten

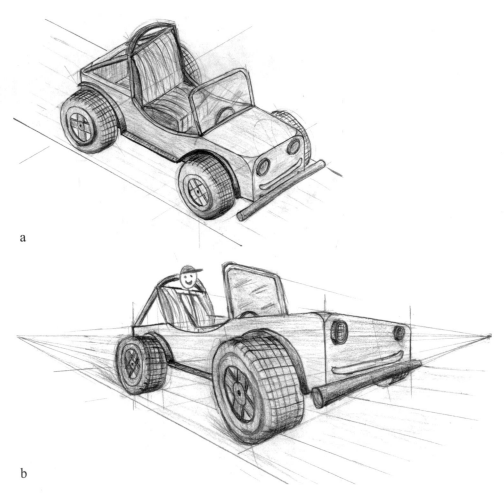

a

b

Abb. 21.6 Buggy-Jeep (**a**) Isometrische Perspektive (**b**) Zwei-Punkt-Perspektive aus einem relativ flachen und nahen Blickwinkel

21.3   Oberflächen u. Texturen in Verb. m. verschiedenen Schatten

> Will man Produkte oder Ideen besonders präsentieren und Betrachter begeistern, lohnt es sich besondere Oberflächen und Schatten in die Skizze einzubinden.

Zu diesem Thema gibt es viel weiterführende Literatur. In den Abb. 21.7, 21.8, 21.9, 21.10, 21.11, 21.12, 21.13, 21.14 und 21.15 sind nur einige einfache Oberflächen und Schatten als Anregung dargestellt.

Kurze Erklärung des Begriffes Textur

In Zeichnungen beziehen sich Texturen auf die visuellen Eigenschaften und die Beschaffenheit der Oberfläche eines Objekts oder Materials, die durch die Verwendung von verschiedenen Techniken und Materialien dargestellt werden können.

Linien, Oberflächen und Schatten

Linien, Oberflächen und Schatten beeinflussen den Stil und die Aussage einer Skizze wesentlich. In den Abb. 21.7 und 21.8 lassen die Linien und Oberflächen die Objekte z. B. weich erscheinen.

Eine einfache aber interessante Methode eine Struktur aufzubringen: Man legt das Papier beim Füllen der Fläche mit Farbstift auf eine grob strukturierte Unterlage. Beim Beispiel in Abb. 21.8 wurde das Blatt beim Füllen der Flächen an eine verputzte

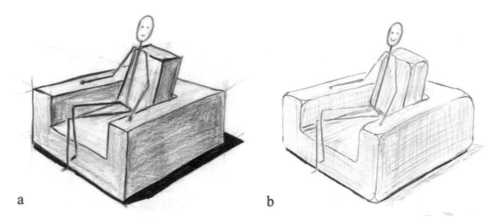

a   b

Abb. 21.7 Zwei Darstellungen eines Sitzmöbels. In Abbildung
(a) wird das Sitzmöbel kantig und mit kontrastreichen Schatten dargestellt. In Abbildung
(b) wirkt das gleiche Möbelstück durch die dünne und leicht gewellte Linienführung, die Abrundungen, die Musterung der Oberfläche und die nicht so harte Schattendarstellung insgesamt weicher und einladender

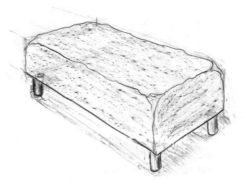

Abb. 21.8 Ein Polsterhocker mit weichem Material. Beim Füllen der Flächen wurde das Blatt Papier an eine verputzte Wand gehalten

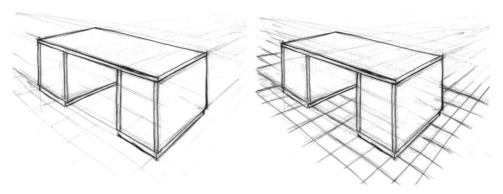

Abb. 21.9 Als Basis dient eine einfache Skizze eines Schreibtisches in Zwei-Punkt-Perspektive. Bei diesem Beispiel ist es vorteilhaft, den Boden einzubeziehen

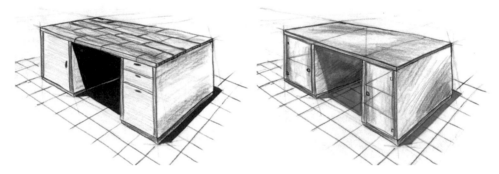

Abb. 21.10 Einfache Texturen mit Polychromos-Stifte angebracht. Man beachte auch die unterschiedlichen Schlagschatten mit schwarzem Filzstift und mit Copic-Stift C5. Wenn die schwarzen Bereiche des Schlagschattens eine relativ große Fläche einnehmen und Elemente verschlucken, den Schlagschatten ggf. mit hellerem Stift ausführen

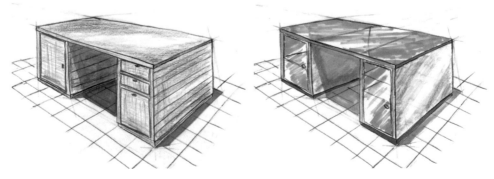

Abb. 21.11 Vergleich von einfachen Renderings, ausgeführt mit Polychromos- und Copic-Stiften. Mit Copic-Stiften lassen sich Glanzeffekte besser darstellen

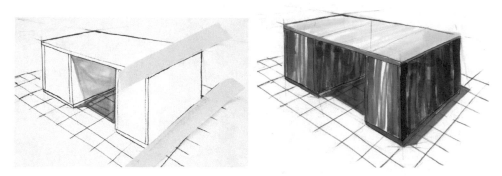

Abb. 21.12   Benötigt man für das Ausfüllen von Flächen einmal mehr Schwung, ist das Abkleben der Randkanten hilfreich

Abb. 21.13   Es können in einer Skizze auch verschiedene Stifte kombiniert werden. Die kräftigen Frontflächen, die transparente Tischplatte und die Schlagschatten wurden mit Copic-Stiften ausgeführt. Die seitlichen Flächen wirken durch die Polychromos-Stifte ausgleichend matt

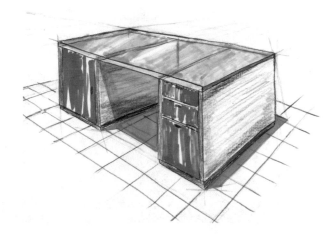

Wand gehalten. Experimentieren Sie mit verschiedenen Unterlagen, wie grobe Kartons, strukturiertes Holz, raue Steinplatten usw. Sie werden über die Effekte erstaunt sein.

In den Abb. 21.9, 21.10, 21.11 und 21.12 werden anhand eines Schreibtisches beispielhaft einige Möglichkeiten zum Auftragen von Texturen und Schatten erläutert.

Glanz und Spiegelungen

Will man den Eindruck von Hochglanz vermitteln, kann das durch helle Bereiche in der Fläche und durch das Andeuten von Spiegelungen erreicht werden (s. auch Abb. 21.14).

Abb. 21.14 Mithilfe von Copic-Stiften können Spiegelungen, Beleuchtungen, Glanzeffekte u. dgl. angedeutet werden

Abb. 21.15 Schatten deutet Licht an. Licht und helle Bereiche erzeugen Glanz. Mit einfachen Farbelementen kann die Wirkung von Skizzen gesteigert werden

Wo ein Schatten ist, da ist auch Licht. Der Sportwagen in Abb. 21.15 wurde auch schon in Abb. 13.15 dargestellt. Der Unterschied liegt im Schlagschatten am Boden. Durch den tiefschwarzen Schatten wird ein strahlend helles Licht angedeutet. Auch wenn die Lackierung „nur" mit schwarzem Polychromos-Stift dargestellt ist, wird durch das angedeutete Licht und die hellen Bereiche in der Lackierung ein leichter Glanzeffekt erzeugt.

Des Weiteren zeigt die Abbildung noch einmal, dass bereits einfache und sparsam eingesetzte Farbelemente eine Skizze zu einem Blickfang machen können.

Wichtig ist in erster Linie nicht die Ausführung einer Skizze, sondern, dass diese grundsätzlich den Anforderungen, Vorstellungen, Zielen und den möglichen Erwartungen entspricht. Wobei bei einer ansprechenden Ausarbeitung die Wahrscheinlichkeit größer ist, die gewünschte Zielgruppe zu erreichen und zu begeistern. Skizzen sollen sowohl den gestaltenden als auch den betrachtenden Personen Freude bereitet.

Stichwortverzeichnis

Printed in the United States
by Baker & Taylor Publisher Services